汽車防鎖定煞車系統

吳金華 編著

U0068946

全華圖書股份有限公司

　　由於汽車工業進步，使車輛行駛速度提升，有駕駛感之享受，相對著造成不少車禍，也因此汽車製造商不斷改良煞車系統，使車輛短時間減速及能轉向，減少車禍發生。故ABS系統運用而生，也成為現代生活車輛必備之安全裝置之一。

　　本書分七章節說明，能使汽車從業人員及學校的汽車科學生，對防鎖定煞車系統(ABS)能有一完整概念及認知，並有利於有志之士的研讀及參考。

　　筆者收集各類ABS相關資料，對於結構、名稱及作用原理分門別類加以說明，並且安插數百張圖片可增加讀者瞭解，進而促進學習興趣。編纂付梓之際，恐有疏漏，希祈讀者及汽車業先進賢達能不吝賜教為幸。

吳金華　謹誌

　　「系統編輯」是我們的編輯方針，我們所提供給您的，絕不只是一本書，而是關於這門學問的所有知識，它們由淺入深，循序漸進。

　　本書將傳統煞車系統與防鎖定煞車系統之差異作非常詳細的分析，並說明防鎖定煞車系統之基礎作用原理、駕控性、操控性等，並配合圖片解說使讀者了解防鎖定煞車系統對車輛之重要性，深入探索及奠定爾後的修護技術，不論在學學生、車主或想了解防鎖定煞車系統者皆可詳讀此書，相信對讀者有相當大的助益。適合汽車相關技術人員及學校的學生自習進修之用。

　　若您在這方面有任何問題，歡迎來函連繫，我們將竭誠為您服務。

目錄

1 章　汽車傳統煞車系統 1-1

1-1　基本概論 1-1

1-1.1　前　言 1-1

1-1.2　如何產生煞車力 1-3

1-1.3　煞車距離 1-6

1-2　傳統液壓煞車作用 1-8

1-2.1　煞車油──傳送油壓至煞車系統 1-8

1-2.2　煞車踏板 1-10

1-2.3　碟式煞車 1-11

1-2.4　鼓式煞車 1-12

1-2.5　手煞車 1-13

2 章　防鎖定煞車系統(ABS) 2-1

2-1　系統概論 2-1

2-1.1　何謂 ABS？ 2-1

2-2　系統構造 2-3

2-2.1　基本操作原理 2-3

2-2.2　防鎖煞車類型 2-4

2-3　ABS 系統說明 2-5

3 章　防鎖定煞車系統(ABS)及循跡控制系統(TRACS) 3-1

3-1　系統零件結構 3-1

3-1.1　車輪煞車 3-1

3-1.2　煞車鉗夾器和圓盤，後輪 3-2

3-1.3　油壓煞車系統 3-3

3-1.4　煞車增壓輔助器超負荷繼電器 3-5

3-1.5　煞車踏板與煞車燈之接觸 3-5

3-2　各組件作用原理 **3-6**

3-2.1　控制模組 3-6

3-2.2　液壓系統 3-7

3-2.3　複合繼電器 3-10

3-2.4　踏板感知器 3-10

3-2.5　車輪感知器 3-12

3-2.6　警告指示燈與開關 3-13

3-3　系統作用 **3-15**

3-3.1　輸入訊號(如圖 3-15 所示) 3-15

3-3.2　控制作用 3-16

3-3.3　防鎖定煞車系統(ABS)作用 3-17

3-3.4　防鎖住煞車系統(ABS)控制 3-19

3-3.5　踩煞車時 ABS 有作用 3-20

3-4　循跡控制系統(TRACS) **3-21**

3-4.1　前　言 3-21

3-4.2　TRACS 作用 3-23

3-5　防鎖定煞車系統(ABS)及循跡控制(TRACS)的診斷 **3-25**

3-5.1　系統診斷 3-25

3-6　整體式電子煞車力分配(EBD)系統說明 **3-26**

3-6.1　防鎖住煞車系統(ABS) 3-28

3-6.2　防鎖住煞車系統(ABS)控制 3-28

3-6.3　電子煞車力分配(EBD) 3-29

3-7　穩定系統(Stability system) **3-30**

3-7.1　牽引控制作用 3-30

3-7.2　牽引控制控制 3-30

3-7.3　穩定控制作用 3-31

3-7.4 穩定和牽引控制(STC)作用 3-32

3-8 循跡控制及輔助系統 3-32

3-8.1 防鎖住煞車系統(ABS) 3-32

3-8.2 搖擺扭矩控制(YMC) 3-36

3-8.3 電子煞車力自動分配系統(EBD) 3-37

3-8.4 電子差速器鎖定(EDL) 3-40

3-8.5 進階防鎖死煞車系統(ABSplus) 3-44

3-8.6 電子行車穩定系統(ESP) 3-52

3-8.7 液壓煞車輔助系統(HBA) 3-61

3-8.8 液壓煞車伺服器(HBS) 3-66

3-8.9 全後軸減速(FRAD) 3-68

3-8.10 車輛/拖車穩定系統 3-70

3-8.11 翻覆防護(ROP) 3-72

3-8.12 陡坡緩降輔助系統(HDC) 3-74

3-8.13 斜坡起步輔助系統(HHC) 3-76

4 章 TEVES MARK II 整體式防鎖定煞車系統 4-1

4-1 基本作用原理 4-1

4-2 各組元件作用原理 4-4

4-2.1 煞車增壓器 4-5

4-2.2 電動泵浦和馬達 4-6

4-2.3 蓄壓器 4-7

4-2.4 壓力／警告綜合開關 4-8

4-2.5 儲油室 4-11

4-2.6 煞車油面警告接點開關 4-12

4-2.7 電子控制器(ECU) 4-13

4-2.8 車輪感知器(WSS) 4-15

4-3 防鎖定煞車系統作用原理 4-16

4-3.1 增壓器總成 4-16

4-3.2 煞車總泵 4-19

4-3.3　定位缸套 4-22

4-3.4　閥體總成 4-25

4-3.5　ABS 系統線路圖 4-29

5 章　TEVES MARK Ⅳ 防鎖定煞車系統 5-1

5-1　MARK Ⅳ 防鎖定煞車系統之零組件 5-1

5-1.1　煞車增壓器、總泵及減壓閥 5-2

5-1.2　油壓控制模組 5-3

5-1.3　輪煞車及手煞車 5-4

5-1.4　電路系統 5-5

5-1.5　車輪感知器及踏板感知器 5-6

5-2　ABS 系統作用 5-7

6 章　ABS 防鎖定煞車系統 6-1

6-1　ABS 組件作用原理 6-1

6-1.1　電子控制器 6-1

6-2　煞車總泵及 ABS 油壓控制件 6-5

6-2.1　系統元件 6-7

6-3　系統作用 6-19

6-3.1　煞車油路 6-19

6.3.2　主控電磁閥 6-20

6-3.3　煞車系統壓力 6-21

6-3.4　電子控制器輸入信號 6-22

6.3.5　ABS 系統作用 6-22

7 章　ABS 系統診斷及測試和調整 7-1

7-1　診斷和測試 7-1

7-1.1　自我測試 7-1

7-1.2　STAR 測試器使用方法 7-4

7-1.3　預先測試檢查 7-7

　　　7-1.4　快速測試 7-8

　　　7-1.5　症狀診斷燈 7-10

　　　7-1.6　定點與診斷測試 7-12

7-2　ABS 系統調整過程 **7-15**

　　　7-2.1　車輪感知器 7-15

　　　7-2.2　修護程序 7-18

7-3　ABS 系統術語 **7-19**

習題解答 **習-1**

1 章

汽車傳統煞車系統

1-1　基本概論

◢ 1-1.1　前　言

　　汽車煞車系統中，ABS(Anti-lock Brake System)對一般人而言已不再是陌生名詞。ABS主要工作原理使煞車力真正對車速降低，或將車輛停住，因此「車輪與地面摩擦力」要確保平衡。

　　下列說明何謂摩擦(friction)：

　　摩擦指兩相對運動體間接觸面的運動阻力，其摩擦力大小視下列情形而定：

1.　摩擦係數：粗糙表面增加摩擦力。
2.　物體重量：如圖1-1所示，重量輕所需拉力小。

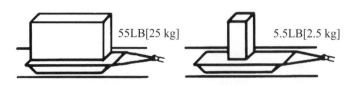

圖 1-1　重量與摩擦力的關係

3.　摩擦面的材質：如圖 1-2 所示，材質不同，使摩擦係數(μ)也不同，μ愈大則摩擦阻力愈大。

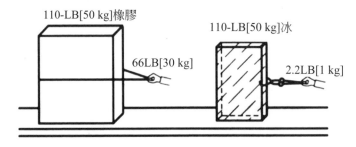

圖 1-2　摩擦面材質與摩擦力之關係

4.　摩擦狀態：如圖 1-3 所示，最大靜摩擦阻力大於動摩擦阻力。

最大靜摩擦　　　　　　　　　　　　　　　　　　　　　動摩擦

圖 1-3　動摩擦與最大靜摩擦之比較

5.　摩擦力(F)：其大小與摩擦係數(μ)及物體正向力(N)的乘積成正比。(公式 $F=\mu N$)

　　根據以上說明，可瞭解傳統煞車系統至少產生三種變化：(1)$P_B < P_f$，(2)$P_B \approx P_f$，(3)$P_B > P_f$。(P_B代表煞車力，P_f代表摩擦力)

1. 若 $P_B < P_f$ 平時行車中遇到障礙擬減速,輕踩煞車狀態。煞車踏板踩得愈重,車速降得愈快。

2. 若 $P_B \approx P_f$ 此狀態下車輛尚不發生打滑現象,故煞車效果最佳。

3. 若 $P_B > P_f$ 此狀態下,便發生煞車打滑之虞。若有打滑時對煞車效果、行車安全、車輛壽命等均有不利影響。

   因此在狀態 3.產生便有所謂 ABS(防鎖定)裝置。

1-1.2　如何產生煞車力

傳統煞車系統採用液壓原理,何謂液壓指利用液體當作動力傳遞的媒介。

採用液體原理有下列優點:

1. 液體不可壓縮性:如圖 1-4 所示,當壓力增加時,氣體分子寬鬆被壓縮很小的體積,而液體分子很緊密靠在一起則不會被壓縮,因此煞車系統正需很高壓力來傳達動力。

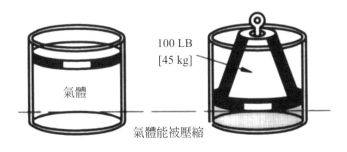

100 LB
[45 kg]

氣體

氣體能被壓縮

圖 1-4　壓力與體積關係

CHAPTER

1

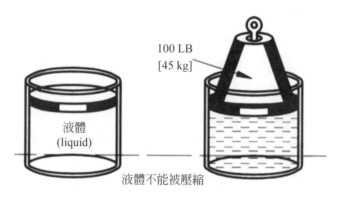

100 LB
[45 kg]

液體
(liquid)

液體不能被壓縮

圖 1-4　壓力與體積關係(續)

2.　動力的傳遞：如圖 1-5、1-6 所示，因液體不可壓縮，故可將動力由此端傳遞到另一端。

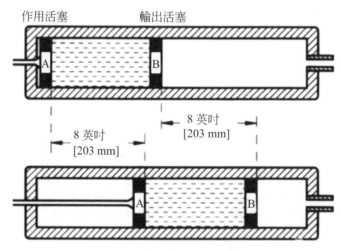

作用活塞　　　　　　輸出活塞

A　　　　　B

8 英吋
[203 mm]

8 英吋
[203 mm]

A　　　　B

圖 1-5　液體不能被壓縮

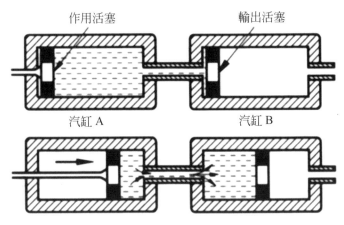

作用活塞　　　　　　　　　輸出活塞

汽缸 A　　　　　　　　　汽缸 B

圖 1-6　液壓的傳遞

3.　巴斯噶原理(Pascal's Law)：如圖 1-7 所示，在一個密閉容器內，任何位置的液體壓力均相同。如依巴斯噶原理($P=FA$)，若駕駛者在煞車踏板施以 10 kgw 的力量，若總泵活塞面積為 5 cm²，前輪分泵活塞面積為 8 cm²，後輪分泵活塞面積為 6 cm²，則此煞車系統之槓桿及巴斯噶原理之作用，最後作用到煞車蹄片的作用力分別為多少：

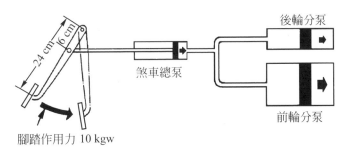

後輪分泵

24 cm　6 cm

煞車總泵

前輪分泵

腳踏作用力 10 kgw

圖 1-7　煞車系統之槓桿及巴斯噶原理

⑴　作用於煞車總泵活塞的力量(F)可依槓桿原理計算：

$$10 \times 24 = 6F$$

$$\therefore F = \frac{10 \times 24}{6} = 40 \ (\text{kgw})$$

(2) 依巴斯噶原理：

$$\frac{F}{A} = \frac{F(\text{前輪})}{A(\text{前輪})} = \frac{F(\text{後輪})}{A(\text{後輪})}$$

$$\frac{40}{5} = \frac{F(\text{前輪})}{8} = \frac{F(\text{後輪})}{6}$$

① $\dfrac{40}{5} = \dfrac{F}{8}$，故 $F = \dfrac{40 \times 8}{5} = 64$（kgw）。

② $\dfrac{40}{5} = \dfrac{F}{6}$，故 $F = \dfrac{40 \times 6}{5} = 48$（kgw）。

4. 煞車系統的液壓使用：如圖 1-8 所示，當駕駛者踩下煞車踏板，壓下煞車總泵活塞時，藉由液體動力傳遞及不可壓縮性，將動力傳遞每個車輪分泵，使煞車蹄片與煞車鼓摩擦達到煞車效果。

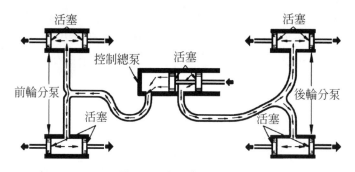

圖 1-8　煞車液壓系統

◻ 1-1.3　煞車距離

　　何謂煞車距離，指駕駛人發現危險時，由大腦下令讓右腳離開油門踏板至踩下煞車踏板之時間內，使車輛停止距離，如圖 1-9 所示。亦即煞車距離＝煞車減速距離＋煞車滑行距離。

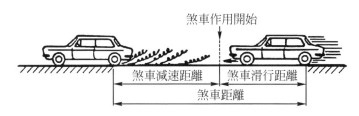

圖 1-9　煞車距離

　　影響煞車距離因素如：

1.　車輛本身重量、重心高度、車輪半徑及前後輪煞車力的分配。

2.　駕駛者狀況如反應靈敏度、患病、酒醉、昏沈(打瞌睡)或專心與否。

3.　煞車系統設計結構。

4.　其他地形或天氣狀況。

5.　輪胎與路面的靜摩擦係數，如表 1-1 所示。

6.　駕駛人思考時間、換腳時間與踩下煞車踏板時間。

表 1-1　各種路面之靜摩擦係數

路面材質	情況	靜摩擦係數
1.混凝土＋不偏滑的柏油	乾燥	0.8
2.柏油瀝青＋小石子面	乾燥	0.6
3.混凝土＋不偏滑的柏油	潮濕	0.5
4.柏油瀝青＋小石子面	潮濕	0.4
5.小石子面	乾燥	0.3
6.小石子面	潮濕	0.2
7.冰	潮濕	0.1

　　總之，有關煞車力，與車輪與地面的摩擦力，煞車距離或踏板應施多大力量，才可使煞車效果發揮到最佳狀態，若駕駛人在無 ABS 煞車系統能掌握上述要點，則可使煞車效果能有最理想發揮。

1-2　傳統液壓煞車作用

■ 1-2.1　煞車油——傳送油壓至煞車系統

如圖 1-10 為煞車系統結構，如何將煞車油傳送至每一車輪分泵。

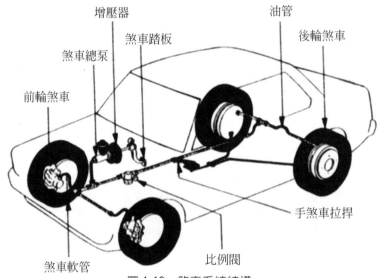

圖 1-10　煞車系統結構

1. 煞車油功用：

　　用以減慢車輛行駛速度或停止車輛運動，它藉助於固定件及旋轉車輪之間的摩擦而達成。因摩擦把車輛動能變成熱能並且散熱於空氣中。

　　為能有效發揮煞車功能，系統中必須無空氣存在，否則空氣被煞車總泵壓縮，因此煞車壓力就不會傳送至車輪分泵。

2. 煞車總泵作用：

(1) 踩煞車踏板時，當踩下煞車踏板時，第一活塞向前運動，關閉補償口。煞車油壓力向分泵活塞施加向外壓力，同時也推動第二活塞向前。第二活塞也如同第一活塞形成壓力，故煞車油同時傳送至碟式煞車鉗夾器施加向外力量。

(2)　當煞車踏板返回時：踏板回拉彈簧和活塞回拉彈簧對第一活塞
　　及第二活塞施力，使他們回至原來靜止位置。當活塞返回時，
　　煞車油通過活塞內的油孔從儲油室流進總泵中。

(3)　未踩煞車踏板時：活塞返回後，由於煞車蹄片和鉗夾器活塞返回作
　　用，回油中的煞車油通過補償口流回到儲油室中如圖 1-11 所示。

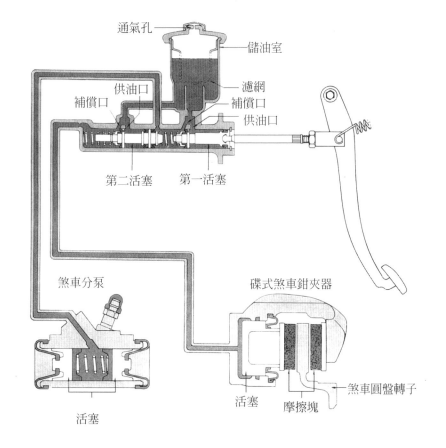

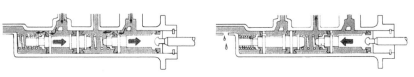

圖 1-11　煞車總泵作用

1-2.2　煞車踏板

1. 煞車踏板功用：

　　　　煞車過程中擔負著非常重要角色。故它必須在規定高度，如果踏板太高，駕駛者換腳所需時間加長，導致耽誤煞車。反之，太低時，無足夠距地板高度，導致沒有足夠煞車力。

　　　　此外，當踩下煞車踏板時必須有足夠的踏板距地高度，否則無效行程變太長，造成煞車延遲及煞車力不足。

2. 何謂踏板高度、自由行程和距地板高度，如圖1-12所示。

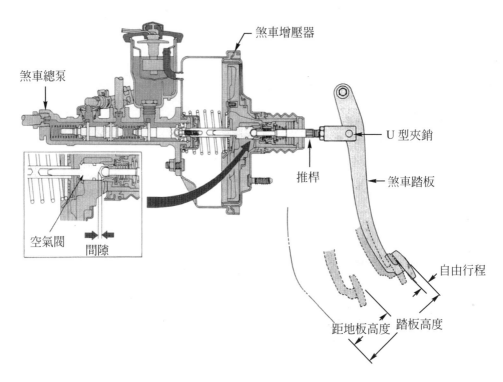

圖 1-12　踏板高度、自由行程和距地板高度

(1)　踏板自由行程：指空氣閥和踏板推桿之間的間隙，也包括U型夾銷的鬆度。

(2)　踏板距地板高度：指踏板施加腳力踩下後，在踏板和駕駛室地板之間的距離。

(3)　踏板高度：在踏板沒有踩下時，從駕駛室地板到踏板之間的距離。

1-2.3　碟式煞車

碟式煞車功用：

碟式煞車很有效的，因爲它們的煞車圓盤暴露於冷空氣中，同時也能迅速地拋掉水分。因此，即使在高速行駛時也能保持安全的煞車力。

雖然有各種不同類型的碟式煞車，它們作用過程藉助於液壓，使用一對不轉動的摩擦塊夾緊旋轉的煞車圓盤，故摩擦力使車輛減慢或停止如圖 1-13 所示。

CHAPTER

1

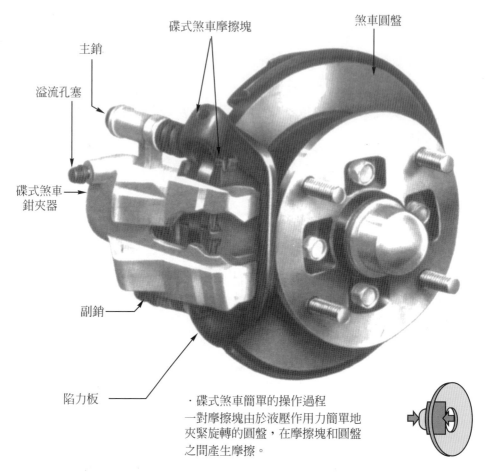

碟式煞車摩擦塊

煞車圓盤

主銷

溢流孔塞

碟式煞車
鉗夾器

副銷

陷力板

・碟式煞車簡單的操作過程
一對摩擦塊由於液壓作用力簡單地
夾緊旋轉的圓盤，在摩擦塊和圓盤
之間產生摩擦。

圖 1-13　碟式煞車結構

1-2.4　鼓式煞車

鼓式煞車功用：

鼓式煞車利用一對煞車蹄片推向和車輪一起轉動的煞車鼓內表面，使車輛停止。

　　鼓式煞車能經久耐用，因在蹄片及煞車鼓間有相當大的摩擦面積，因結構為隱藏式故散熱比碟式煞車效果差，如圖 1-14 所示。

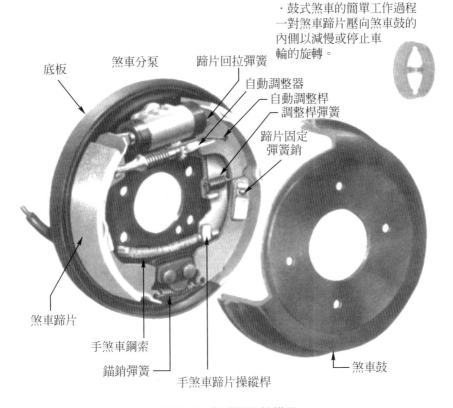

· 鼓式煞車的簡單工作過程
一對煞車蹄片壓向煞車鼓的
內側以減慢或停止車
輪的旋轉。

底板

煞車分泵

蹄片回拉彈簧

自動調整器

自動調整桿

調整桿彈簧

蹄片固定
彈簧銷

煞車蹄片

手煞車鋼索

錨銷彈簧

手煞車蹄片操縱桿

煞車鼓

圖 1-14　鼓式煞車結構圖

1-2.5　手煞車

手煞車功用：

車輛停止時，經由手煞車的機械操作，保持車輛在停止狀態。

手煞車是經由鋼索施加於兩個後輪上並鎖定車輪，如圖 1-15 所示。

CHAPTER

1

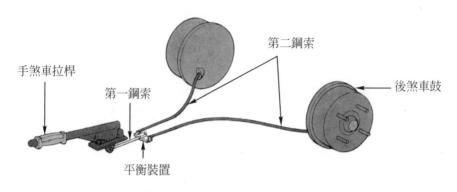

手煞車拉桿

第一鋼索

第二鋼索

後煞車鼓

平衡裝置

圖 1-15　手煞車結構圖

習　題

一、是非題

(　) 1. 摩擦係數愈大則摩擦阻力小。

(　) 2. 靜摩擦阻力大於動摩擦阻力。

(　) 3. 若煞車力小於摩擦力時便有煞車打滑之虞。

(　) 4. 液壓煞車系統，因氣體不可壓縮性，而液體則可壓縮性，以便將動力傳遞。

(　) 5. 液壓煞車系統採用巴斯噶原理。

(　) 6. 求煞車總泵活塞的力量，可依槓桿原理來計算。

(　) 7. 煞車距離＝減速距離－煞車滑行距離。

(　) 8. 填加煞車油至儲油壺可使用已經儲存很長時間的煞車油。

(　) 9. 煞車系統排放空氣，為了方便起見可將煞車油直接排放於地板上。

(　) 10. 排放煞車空氣，不考慮分泵離總泵遠近，可隨便排放那輪分泵即可。

二、選擇題

( ) 1. 添加煞車油至儲油室時油平面應　(A)Max　(B)Min　(C)Low　(D)溢出　為止。

( ) 2. 排放空氣後，駕駛踩下踏板感覺有海棉狀則　(A)系統無空氣　(B)有空氣　(C)有水　(D)漏油存在。

( ) 3. 調整踏板自由行程應以　(A)分泵推桿　(B)總泵推桿　(C)限制器　(D)回拉彈簧　調整之。

( ) 4. 檢查(測量)煞車塊厚度小於或接近　(A)10 mm　(B)1.0 mm　(C)1 cm　(D)10 cm　應更換之。

( ) 5. 煞車塊表面被油沾污了，請用　(A)銼刀　(B)砂布　(C)砂紙　(D)抹布　清潔之。

( ) 6. 若煞車鼓表面有很深刮痕，請用　(A)車床　(B)銼刀　(C)砂布　(D)搪缸機　加工或換新處理。

( ) 7. 車輛裝有自動煞車蹄片間隙調整，必須使用　(A)腳煞車　(B)拉手煞車　(C)棘輪　(D)更換來令片　調整之。

( ) 8. 調整煞車踏板高度，應以　(A)分泵推桿　(B)總泵推桿　(C)限制器　(D)回拉彈簧　調整之。

( ) 9. 煞車系統使用何物作為液壓動力傳遞為媒介　(A)連桿　(B)煞車油　(C)鋼索線　(D)空氣。

( ) 10. 傳統液壓煞車系統採用　(A)巴斯噶　(B)阿基米德　(C)虹吸　(D)洛克　原理。

三、問答題

1. 說明影響摩擦阻力的因素為何？

2. 採用液壓煞車優點為何？

3. 何謂踏板自由行程、踏板距地板高度、踏板高度？

4. 說明影響煞車距離因素？

5. 何謂煞車距離？

防鎖定煞車系統(ABS)

2-1　系統概論

◘ 2-1.1　何謂 ABS？

如圖 2-1 所示。

汽車在潮濕路面或雪路上踩煞車時，輪子雖然鎖定不轉動，但車輛依然在滑行。車輪鎖定時，輪胎橫方向抓地力會消失，方向盤也轉不動，想要車輛直線停車但車子在擺動，也會產生旋轉情況。

ABS 控制煞車液壓力，使車輛緊急煞車時避免車輪鎖住。簡單的說，ABS 原理，就是在緊急煞車時，無論路面如何容易打滑，均能確實防止車輪鎖住狀態，維持車輪與路面間最合適的"滑率"，穩當且快速地停住車子。

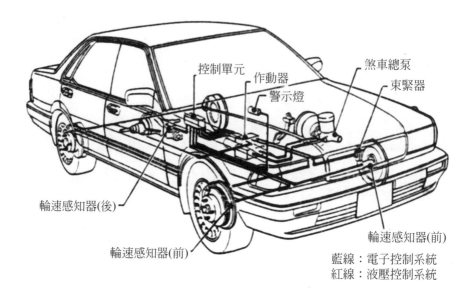

控制單元
作動器
警示燈
煞車總泵
束緊器
輪速感知器(後)
輪速感知器(前)
輪速感知器(前)
藍線：電子控制系統
紅線：液壓控制系統

圖 2-1　ABS 零組件裝置處

總之，採用 ABS 有下列特點：

1. 電子控制煞車力的調節，達到車輪與路面間最合適的摩擦係數，以縮短煞車距離。

2. 煞車時不影響駕控性。

3. 增進操控性的穩定性。

4. 緊急煞車時避免後輪鎖住，偏向一邊。直行行駛可維持。

5. 避免緊急煞車時造成輪胎之偏磨耗。

6. 當故障安全功能作用時，警告燈顯示以警告駕駛人 ABS 系統有問題。尚能維持一般煞車系統作用。

7. 自我診斷功能也具備，對維修及保養有幫助。

8. 避免駕駛者緊急踩煞車時之恐慌。

2-2　系統構造

2-2.1　基本操作原理

基本操作原理如圖 2-2 所示。

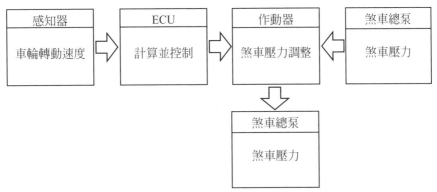

基本操作原理

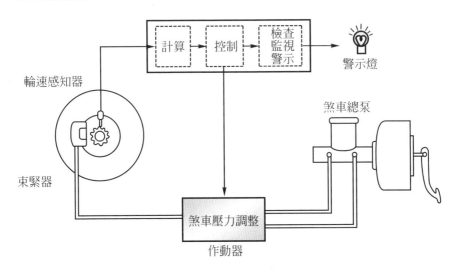

圖 2-2　ABS 基本操作原理

2-2.2　防鎖煞車類型

$$
\text{ABS}\begin{cases}
\text{兩輪}\begin{cases}\text{機械式}\\\text{電子控制式}\end{cases}\\
\text{四輪}\begin{cases}\text{機械式}\\\text{電子控制式}\end{cases}
\end{cases}
$$

如圖 2-3 所示有七種系統，依迴路及感知器而區分：

1.　四輪單獨採用四迴路系統(種類 1)：

當煞車作用於粗糙係數路面上，動量最大，但不足獲得最大行駛穩定性。此系統後輪煞車控制轉變成 "低選擇模式" 控制，反之亦然。

2.　四迴路系統使用獨立交叉的 X 型(種類 2)：

前輪單獨控制，但後輪由 "低選擇" 共同控制(兩後輪共同使用煞車壓力則使用較低摩擦係數路面)，後輪由於是獨立交叉煞車油路，需兩組電磁閥控制。

3.　三迴路系統(種類 3)：

當煞車作用於粗糙路面上，動量減少但延長車輛軸距及高質慣量。為了使煞車控制良好，車輛煞車應減短軸距及低質慣量，需電子式延遲動量產生。當煞車作用於粗糙係數路面上，因前輪煞車扭力延遲產生而有較高摩擦係數，因此提供駕駛者有足夠時間轉動方向盤產生正確動量。

第三種類依駕駛性、操控性及延遲性而完成。

4.　二迴路系統(種類 4、5、6)：

種類 4、5 為 "高選擇模式" (兩前輪共同使用煞車壓力則前輪使用較高摩擦係數)，煞車作用於粗糙係數路面上，則操控性及駕控性有不良影響。若前輪煞車作用於粗糙及均質路面上，且使用高摩擦係數，全制動力，一致性高摩擦係數，車輛突然快速增加壓力使車輪迅速鎖住，因此導致突增高動能量。

　　種類 6 只用於單獨交叉 X 型煞車油路，前輪採單獨煞車控制，後輪煞車共同控制。引擎離合器接合時會影響扭矩，此情況下，前輪驅動式車輛(FF)操作性不足，同時後輪驅動式(FR)車輛無法保證良好駕控性。

5. 單迴路系統(種類7)：

　　均質路面直行煞車時能保證駕控性良好，但操控性不良且煞車距離無法理想。

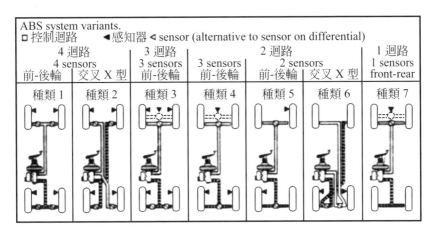

圖 2-3　ABS 系統種類

2-3　ABS 系統說明

1. ABS2(Bosch)：

　　此系統 ABS 及增壓器機件分開。

　　三迴路油壓控制模組(油壓調節器)，前後輪油路分開且包含三組電磁閥，三個位置及一個電動泵浦。第一為能量阻斷位置；

煞車總泵至分泵油路相通，導致最初煞車及自動煞車控制期間車輪煞車壓力升高。第二位置為半能量位置；煞車總泵至分泵油路為間斷式，結果車輪煞車壓力維持等壓。第三位置為全能量位置；分泵油路連接至回油路，因此車輪煞車壓力降低如圖2-4所示。

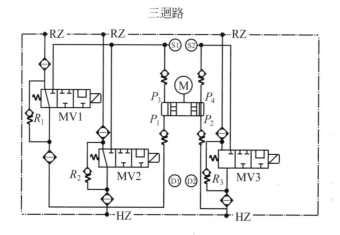

圖2-4　三迴路及四迴路油壓控制模組

電樞式電磁閥使用預負荷彈簧，兩段式控制電流可限制電樞行徑，回流管經蓄壓器 2 cm³的兩個小低壓力室再至電動泵浦活

塞的兩個圓柱室，回流煞車油經由煞車總泵緩衝室(damper)。從
分泵放除煞車油減少壓力至少大約 20 ms，但增壓至少 200 ms。

　　四迴路單獨交叉 X 型煞車油路之油壓控制模組裝四組電磁
閥，因後輪不同煞車油路，故電磁閥共同作用會產生相同煞車壓
力。

　　自動煞車控制的控制循環如圖 2-5 所示，此系統為高摩擦係
數。車輛速度減速由電子控制器計算出，若值低於($-a$)點後，
油壓控制模組(油壓調節器)轉變成 "壓力維持" 型式。若車速低
於(λ)點則電磁閥轉變成壓力降低；此種狀況只要($-a$)信號產生。
隨後，壓力維持階段，車速增快直到超過($+a$)點；所以煞車壓
力仍然維持等壓。車速超過($+A$)點後，煞車壓力增加，車輪無
法加速超過摩擦或打滑曲線穩定範圍內。($+a$)信號消失後，煞
車壓力緩慢升高直到車速再降至($-a$)點，此為第二次循環控制，
此時壓力迅速降低。第一循環控制為短暫壓力維持階段。

　　高慣性動量車輪，低煞車力係數及分泵壓力緩慢上升，則車
輪應鎖住，不必採用減速切換反應。因此，車輪打滑由電子控制
器的邏輯程式處理產生自動煞車作用。

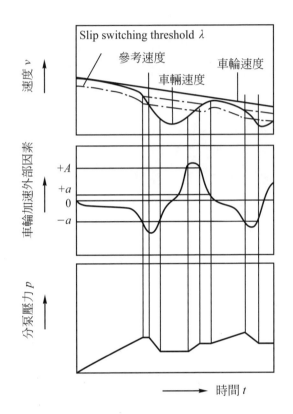

圖 2-5　高摩擦係數的 ABS 控制循環

2. ABS3(Bosch)如圖 2-6 所示：

ABS3 系統之增壓器及作用和結構為整體式。

電動泵浦驅動活塞泵充填煞車油至蓄壓器(accumulator)，蓄壓器內壓力使煞車閥(1)作動經由煞車踏板再經行程同步器(travel simulator)。煞車閥之壓力作用於增壓室與行程同步器彈簧力量成比例，並且作用在煞車總泵內的兩個活塞(3)(4)及將壓力輸送至分泵。

1.煞車閥　　　　5.活塞行程開關　　8.壓力開關
2.行程同步器　　6.鎖定活塞　　　　9.補充閥
3.- 4.煞車總泵活塞　7.蓄壓器開關　　10.ABS 電磁閥

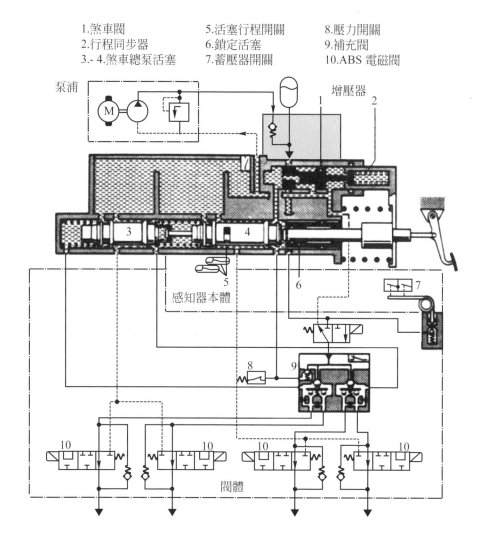

圖 2-6　ABS3(Bosch)圖

　　傳統煞車增壓器不與踏板一起作用。煞車總泵活塞直徑大小
盡量理想，但傳統式增壓器壓力作用不良，使用較高煞車力仍然
延長煞車量。ABS系統若發生系統油路洩漏，踏板下陷，踏板震
動及延長作用均不會產生。故煞車系統油路洩漏，駕駛者仍然不

感覺到踏板有下陷而有所警惕,因此必需藉助可視或可聽的警告指示燈裝置。

　　ABS作用時,由壓力調節排放煞車油,再由增壓室補充煞車油。ABS作用,補充閥(9)接通增壓室,再經ABS閥(10),再至車輪分泵。ABS作用期間排放煞車油,再由增壓室補充煞車油及總泵活塞停留允許煞車壓力增加,若失去作用後,ABS無作用。減少壓力產生率亦即完成補充煞車過程。這導致快速煞車,其次調節壓力產生,故改進里程能力及ABS作用時,可減少壓力震動。

　　正常煞車若發生補充煞車油作用,無法確保多餘活塞行程作用,故需限制煞車壓力不超過特定極限值。蓄壓器壓力下降至最低點時,由壓力開關(8)控制電動泵浦ON或OFF,其由Bourdon(布頓)彈簧及Hall(霍爾)發生器組成。

　　ABS3之電磁閥為3/3閥,電子控制器(電腦)基本功能與ABS2相同,但ABS3額外增加ECU監測煞車增壓器作用(如補充煞車油,煞車油路不良,能量不良)。

3.　ALB(Honda)防鎖定煞車系統如圖2-7所示:

　　ALB(Anti-lock Brake)依柱塞作用原理裝於前輪驅動(FF)車輛。增壓器與ABS機件為分開裝置。

　　當ALB無作用,A室連接至ALB儲油室經常開電磁閥,如圖2-7所示,蓄壓器油管接至進油閥體,故煞車時,A室為大氣壓力,煞車總泵壓力下降而煞車油從D室流入B室;活塞移至左邊使C室壓力增加。

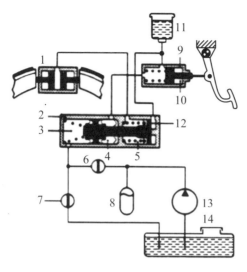

1.分泵
2.調節器
3.A 室
4.B 室
5.C 室
6.進油閥
7.出油閥
8.蓄壓器
9.煞車總泵
10.D 室
11.儲油室
12.活塞
13.泵浦
14.ALB 儲油室

圖 2-7　ALB(Honda)圖

　　若煞車壓力變高,有一輪趨於鎖住,則出油閥先關閉,因此A室壓力增加,防止活塞向左邊移動太多。若發生車輪鎖住,進油閥開啓允許高壓煞車油從蓄壓器流入A室,壓力使活塞向右邊移動,C室容積加大則車輪分泵壓力降低。反之無車輪被鎖住,進油閥關閉使分泵壓力保持等壓,若車輪轉速增快,則出油閥開啓,分泵煞車壓力再次升高。

　　ALB 有作用,則煞車踏板會顯著震動。Honda 之 ALB 是簡單防鎖定煞車系統且使用雙迴路控制。

4.　Mark II (Teves)整體式 ABS 如圖 2-8 所示:

　　正常煞車而 ABS 無作用,進油閥開啓。增壓器活塞將煞車油推向增壓室直接進入後輪分泵及煞車總泵活塞向左邊滑動,因此煞車油流至前輪分泵。

CHAPTER 2

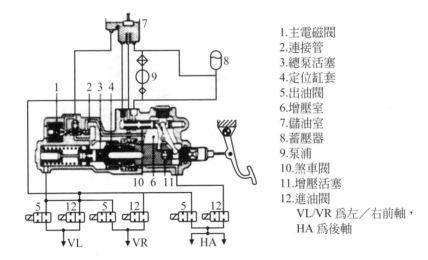

1.主電磁閥
2.連接管
3.總泵活塞
4.定位缸套
5.出油閥
6.增壓室
7.儲油室
8.蓄壓器
9.泵浦
10.煞車閥
11.增壓活塞
12.進油閥
　　VL/VR 為左／右前軸，
　　HA 為後軸

圖 2-8　Mark II 圖(無踩煞車)

　　若有一輪被鎖住，ABS進油閥關閉，故煞車壓力不再升高。隨後出油閥開啓，使煞車壓力降低，故煞車油從分泵流回至總泵儲油室。

　　ABS作用，增壓室煞車油再流入後輪分泵，煞車總泵室內之煞車油流至前輪分泵，使總泵活塞向前移動一小段距離，由於控制循環快速及連續增壓或降壓，使活塞迅速到達末端，結果前輪分泵無增壓。ABS作用時主電磁閥開啓，它連接增壓室，再至閥體與儲油室之間。之後煞車油從增壓室(6)經連接管(2)及總泵油封至前輪分泵。

　　ABS作用，增壓器壓力使定位缸套向左邊移動，因此煞車總泵及增壓器活塞停留在固定位置，ABS有故障時才有足夠活塞行程產生壓力輸出至前輪分泵。

　　前輪分泵為單獨控制，而後輪採共同控制，若共同壓力相等時，可使用在較低摩擦係數的路面上。

5.　SCS(Lucas Girling)如圖 2-9 所示：

油壓部份　　　　　飛輪與軸

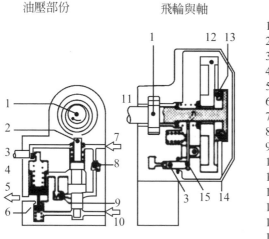

1.偏心圓
2.泵浦活塞
3.出油閥
4.柱塞
5.至前輪分泵
6.截斷閥
7.從儲油室
8.泵浦進油閥
9.泵浦出油閥
10.從煞車總泵
11.軸
12.飛輪
13.離合器
14.球盤導管
15.桿

圖 2-9　SCS 調節器組件

　　SCS用於前輪驅動(FF)車輛為整體式防鎖定煞車系統，並且採用電子式及雙迴路控制，兩個壓力調整器組件(pressure-modulator units)控制兩個獨立前輪，而後輪由減壓閥(pressure-reducing valves)油壓控制。減壓閥調節煞車系統油壓，使車輛行駛於均質路面也產生相等抓地力，並且提供前輪不會產生煞車失效危險。

　　前輪驅動軸經由一條皮帶及離合器和球盤導管(ball-ramp guide)作調整。正常煞車時，飛輪轉速與軸同步。若發生鎖住，車輪大減速(t_1)如圖 2-10 所示，為控制循環開始。

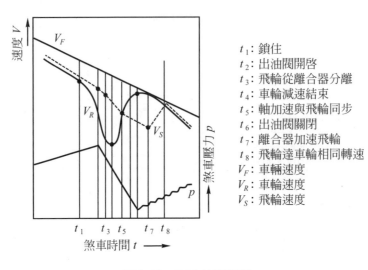

圖 2-10　SCS 控制循環

t_1：鎖住
t_2：出油閥開啓
t_3：飛輪從離合器分離
t_4：車輪減速結束
t_5：軸加速與飛輪同步
t_6：出油閥關閉
t_7：離合器加速飛輪
t_8：飛輪達車輪相同轉速
V_F：車輛速度
V_R：車輪速度
V_S：飛輪速度

　　車輪大減速使飛輪轉速比軸($t_1 \sim t_3$)更快，軸徑球盤導管移動，使桿(15)作用於出油閥(3)，使它(3)開啓，煞車油經柱塞(4)流出使它慢慢向上移動，截斷閥(shut off valve)向上移動關閉(5)：煞車總泵至分泵油路不通，柱塞再向上移動更高時，煞車油從分泵流入儲油室，使容積更大，因此煞車壓力降低(t_2)，飛輪從離合器(t_3)分開並且減速。

　　壓力降低後，使前輪及軸轉速再度增快，軸與飛輪迅速達同步(t_5)，飛輪使軸恢復原來位置，關閉出油閥(t_6)。電流供給電動泵浦，泵油至柱塞上方，上方加壓使柱塞向下移動，故後輪煞車壓力再度升高，離合器(t_7)接合後，飛輪加速與車輪轉速(t_8)相同。

習　題

一、是非題

( )　1.　ABS 作用時，車輪會產生鎖住現象。

( )　2.　四迴路獨立交叉 X 型之前輪控制為共同控制。

( )　3.　目前小型車輛已不採用單迴路煞車系統。

( )　4.　ABS2 裝有三組電磁閥，三個方向位置及一個電動泵浦。

( )　5.　四迴路單獨交叉 X 型煞車油路之油壓控制模組裝三組電磁閥。

( )　6.　自動煞車控制的控制循環，ABS 作用於低摩擦係數路面上。

( )　7.　ABS3 系統之增壓器及作用和結構為整體式裝置。

( )　8.　ABS 發生故障時，煞車踏板會感覺有下陷產生。

( )　9.　ABS 必須裝置警告指示燈，以便駕駛者瞭解 ABS 是否有正常作用。

( )　10.　ABS3 比 ABS2 多裝監測煞車增壓器作用。

二、選擇題

( )　1.　ALB 系統使用於車輛　(A)FF　(B)FR　(C)RR　(D)4MR。

( )　2.　煞車系統能調節油壓使車輛行駛於均質路面，也有相同抓地力為　(A)主電磁閥　(B)比例閥　(C)減壓閥　(D)蓄壓器。

( )　3.　何種系統能防止車輪鎖住，並且維持車輪與路面間最合適的 "滑率"，穩當快速將車子滑下　(A)傳統煞車　(B)液壓煞車　(C)防鎖定煞車(ABS)　(D)空氣煞車。

( )　4.　何種機件將車輪增減速度信號傳送至電腦　(A)減壓閥　(B)輪速感知器　(C)比例閥　(D)警告指示燈。

( ) 5. ABS2 從分泵放除煞車油減少壓力需多少時間　(A)10　(B)15　(C)20　(D)25　ms。

( ) 6. ABS2 要增壓需多少時間才能完成　(A)50　(B)100　(C)150　(D)200　ms。

( ) 7. 自動煞車控制，若車速低於什麼點時，電磁閥轉變成系統壓力降低　(A)− a　(B)+ a　(C)+ A　(D)λ。

( ) 8. ABS3 之蓄壓器壓力下降至最低點時由什麼控制電動泵浦 ON 或 OFF　(A)電磁閥　(B)壓力開關　(C)繼電器　(D)比例閥。

( ) 9. SCS 系統正常煞車時使飛輪轉速與什麼同步　(A)離合器　(B)軸　(C)曲軸　(D)離合器軸。

三、問答題

1. 敘述 ABS 有哪些特點。
2. 寫出 ABS 系統基本操作原理。
3. 防鎖定煞車種類有哪幾種？
4. 寫出 ALB 防鎖定煞車系統作用原理。
5. 何謂 ABS？

3 章

防鎖定煞車系統(ABS)及循跡控制系統(TRACS)

3-1　系統零件結構

3-1.1　車輪煞車

前輪煞車系統使用通風煞車塊(1)和滑動鉗夾器(2)並且使用特殊煞車塊(3)產生有效煞車及增加壽命。

煞車鉗夾器主要有兩個零件：鉗夾器及支架，鉗夾器在支架上的兩支銷滑動且由防護蓋保護著。

鉗夾器有活塞且裝上 O 型環及防塵罩。O 型環設計上防止煞車油溢出及煞車後能使活塞回到原點。防塵罩防止灰塵進入油壓缸及活塞間。

活塞上壓力傳遞至最近煞車塊再經由鉗夾器到另一邊煞車塊上。鉗夾器在支架滑動銷上滑動，煞車圓盤兩邊力量應相等，滑動量補償煞車塊的磨損量。

◾ 3-1.2　煞車鉗夾器和圓盤，後輪

　　後輪煞車系統有一個整體煞車圓盤(4)和固定煞車鉗夾器(5)。煞車轂(6)內有煞車鼓(drum)(7)。煞車鉗夾器使用兩支螺絲對鎖於煞車圓盤上，半面有油壓缸及活塞，O 型環和防塵罩。油壓缸外殼有油路連接，O 型環設計上預防煞車油溢出及煞車後使活塞回到原點。防塵罩防止灰塵進入油壓缸及活塞間。煞車塊(8)裝於本體上並且使用插銷固定(如圖 3-1 所示)。

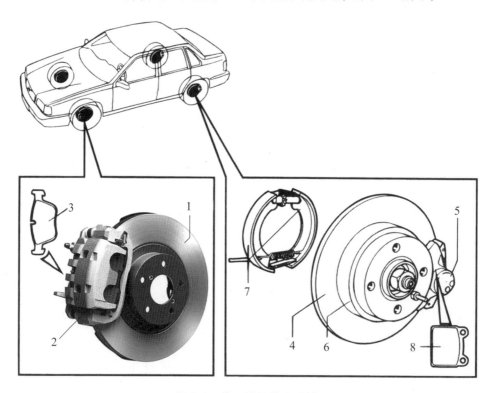

圖 3-1　前、後輪煞車系統

■ 3-1.3　油壓煞車系統

1. 儲油室：

　　儲油室分成三個室，二條為煞車油路，一條為主油路另外一條為次油路。安全考量若有一條油路洩漏(例如次油路)主油路仍然有煞車油連續提供系統全部煞車力，第三個儲油室使用於手排車並且連接至離合器。

　　儲油室有 MIN 和 MAX 記號。煞車油高度必須在兩記號之間。儲油室蓋裝有油面高度感知器，若煞車油面太低則警告指示燈亮著。儲油室主油路及次油路直接連至煞車總泵，兩條回油油路從分泵連接另一條油管接至離合器(如圖 3-2 所示)。

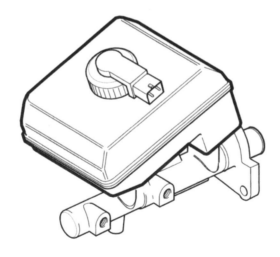

圖 3-2　儲油室

2. 煞車總泵：

　　煞車總泵設計是直列一體式，它有兩個活塞，一個主活塞(主油路)和第二個活塞(次級油路)使用連接頭將儲油室及煞車油路連接。

CHAPTER

3

　　　此處活塞邊有兩個中心閥取代正常使用回油油道，中心閥關閉使儲油室增加每邊油路壓力，主油路作用於前輪，次油路作用於後輪。

　　　儲油室連接頭有裝設一個安全閥且正常開啓，若儲油室繼續關閉，安全閥將截斷油路預防煞車油漏掉(如圖 3-3 所示)。

3.　減壓閥：

　　　減壓閥裝於煞車總泵及油路之間並且連接兩條煞車油路，在 ABS 系統它是獨立作用。當煞車踏板變硬，使油壓獲得太高減壓閥會使後輪油路壓力降低，以防止車輪鎖住。正常煞車作用下，它允許更多煞車力作用到後輪，減壓閥減少前輪負荷並且減少後輪磨損。

　　　減壓閥內部有安全裝置，能使前輪油路漏油(不良)，防止後輪煞車系統壓力失效並且維持煞車系統的完整性(如圖 3-4 所示)。

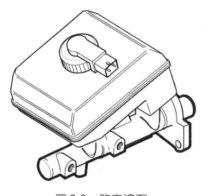

圖 3-3　煞車總泵

圖 3-4　減壓閥

3-1.4　煞車增壓輔助器超負荷繼電器

它安裝於煞車踏板及煞車總泵之間，當駕駛者踩下煞車踏板，增壓器(真空增壓型)增強作用力，增強比例 4.5：1。部分真空從引擎進氣歧管獲得，此真空連接於進氣歧管與增壓器之間，並且使用止回閥(1)預防引擎進氣歧管無部分真空時往回流至增壓器。

踏板感知器(2)裝於煞車增壓補助器超負荷繼電器上(如圖 3-5 所示)。

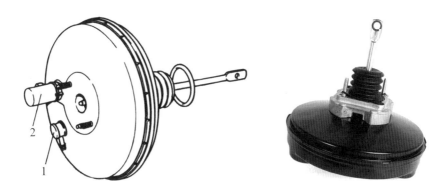

圖 3-5　煞中增壓輔助器超負荷繼電器

3-1.5　煞車踏板與煞車燈之接觸

煞車燈開關接觸於煞車踏板處，它由煞車踏板臂作用，當踩下煞車踏板時，此燈即亮，它將信號傳送至電子控制模組，終止任何 TRACS 控制順序，使 ABS 恢復原狀，重新待命。

如圖 3-6 所示有兩種煞車燈開關，一種為手動調整型，另一種為自動調整型。

CHAPTER

3

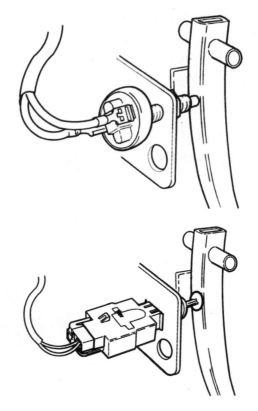

圖 3-6　煞車燈開關

3-2　各組件作用原理

◼ 3-2.1　控制模組

　　控制模組安裝於引擎室，並且處理 ABS 和 TRACS，且從不同感知器處理訊號，並且在液壓系統控制液壓電磁閥，它使液壓泵浦經由繼電器產生作用。

　　控制模組有兩個微處理器從不同感知器處理訊號，所有訊號是比對計算及算出結果的輸出，若結果不對為內部故障，由控制模組DTC顯示出。

　　控制模組經由內部診斷作用檢查輸入及輸出訊號，若控制模組偵測出故障，ABS系統將有一部份或完全失去作用或依據故障嚴重性而分離。若故障至整個ABS系統失去作用時，ABS警告燈即亮者。

　　ABS系統故障影響至最少，前油路提供低於40 km/h速度作用，若速度超過40 km/h則ABS系統完全截斷，若速度低於20 km/h以下，無DTC顯示及警告指示燈亮者。

　　若從後輪感知器獲得一個訊號，無論何速，ABS系統完全截斷，否則後輪鎖住會發生危險及失去控制。

　　若有故障，ABS系統會截斷，控制模組會使繼電器失去作用，ABS警告指示燈會亮者及截斷供給至電磁閥與馬達之電力，它也截斷TRACS作用。

　　若車輛裝有TRACS系統，控制模組會連續記錄使用多少次煞車，並且計算前輪煞車碟盤溫度。若TRACS是ON，且估算溫度超過450℃，TRACS截斷及警告指示燈會ON，防止煞車過熱，估計溫度低於300℃以下警告指示燈熄，但ABS系統維持作用(如圖3-7)。

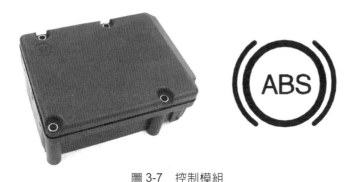

圖3-7　控制模組

■ 3-2.2　液壓系統

　　液壓系統由電動馬達偏心活塞及旋轉感知器和電磁閥體及溢流閥設計所組成，控制模組經由複合繼電器控制液壓閥及電動馬達。液壓系統故障不能分開修護，因此必須要整組更換。

　　如圖 3-8，液壓系統(1)由 12V DC 馬達作動，並且提供煞車油至 ABS 煞車油路，煞車壓力由駕駛者直接作用於煞車總泵所管制。主油路(8)控制前輪，次油路(9)控制後輪。液壓泵和馬達均有超額壓力作用可保護任何時間流動及溢流。泵浦有兩條回油路(10)和(11)使煞車油流回至儲油室。

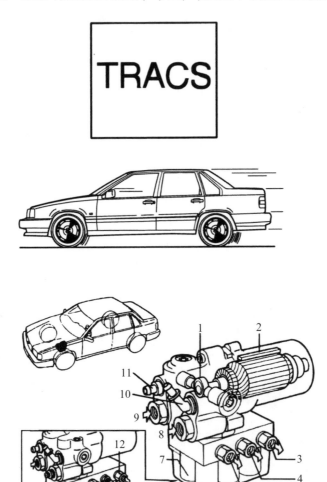

圖 3-8　液壓系統

　　旋轉感知器(2)裝於馬達內並且將馬達旋轉訊號傳送到控制模組，馬達線圈任何時間經過旋轉感知器，它感應出電壓。線圈旋轉一圈產生 AC 訊號頻率和每秒鐘線圈數經過的電壓變化成正比，而引擎速度變快可使頻率及電壓增加，頻率愈快時，控制模組愈能判定泵浦是否旋轉。

　　當煞車在ABS作用下，經由控制模組，液壓泵浦內閥體控制煞車壓力到達每個鉗夾器。閥體有三條油路：第一條 LH 前輪(3)，第二條 RH 前輪(4)及共通油路裝置一起至 2 個後輪(5)(如圖 3-9)，依據車輛初次即將鎖住時，前輪獨立控制而後輪整體控制。

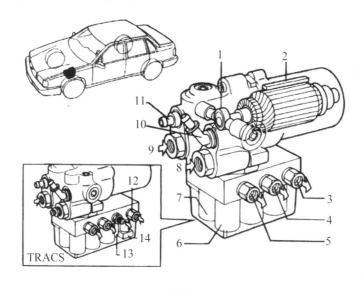

圖 3-9

　　閥體由六個電磁閥構成並且控制煞車壓力：三個進油閥(7)，三個出油閥(8)。在靜止狀況下，每個前輪的進出油閥和共通後輪的進出油閥都分開；進油閥開啓而出油閥關閉，出油閥充當介於煞車鉗夾器與煞車儲油室之間的止回閥。

　　車輛裝有 TRACS 其液壓系統也不同，說明如下：

1.　煞車總泵主油路(12)連接到閥體取代液壓泵，主油路連至液壓泵空氣嘴處。

2. 當 TRACS 為 ON 時，閥體額外裝置電磁閥(13)能將液壓泵至總泵主油路關閉，此閥為常開電磁閥。

3. 閥體組有一個壓力開關(14)：當煞車時煞車燈開關無作用，則 TRACS 分離。

4. 液壓系統有一個溢流閥，當 TRACS 控制下能控制系統最大壓力，因為泵浦在任何時間下控制壓力。

◙ 3-2.3　複合繼電器

繼電器有兩條線路被控制模組控制，繼電器提供電源至液壓電磁閥及控制泵浦(如圖 3-10)。內部有兩個二極體，一為消除泵浦停止時所感應出高脈波，另外一為若繼電器無作動或控制模組分離，則 ABS 警告指示燈會亮者。

圖 3-10　複合繼電器

◙ 3-2.4　踏板感知器

踏板感知器裝於煞車動力輔助泵超載繼電器上。它能送出一個訊號至控制模組告訴它現在踏板位置，若踏板行程太大則液壓系統產生故障訊號，因此控制模組顯示出故障訊號。當電磁閥有作用時，控制模組顯示訊號是依據液壓泵開始運轉或停止，故不會影響踏板位置太多。踏板感知器由六個電阻器串聯連接及第七個滑動接點開啓位置讀出，其意義爲感知器可感測七個不同值的阻力(如圖 3-11)。

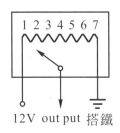

圖 3-11　踏板感知器

　　位置 1 爲煞車踏板完全放鬆則感測之阻力最小，踏板踩到底即位置 7 因此感測之阻力無限大。若踏板行程向下太低，位置 7 會傳出訊號至控制模組，其意義爲此液壓系統必定有一個故障存在。

　　當煞車踏板踩下和ABS作動使煞車踏板輕微下降，則踏板感知器會記錄。液壓泵作用維持踏板正確高度，若繼續作用直到踏板感知器有顯著，則煞車踏板向後推一個步階，當踏板向後移動量太多，則不能滿足駕駛人操控性。

　　若控制機構發現踏板感知器在位置 7，同時 ABS 也再作用，開關使液壓泵ON及運轉大約 0.7 秒鐘。若無法向後推煞車踏板至少一個步階，即表示系統有洩漏，因此泵浦及 ABS 均要關閉。

　　煞車輔助泵超載繼電器有各種型式，以顏色來區分。相對於煞車輔助泵超載繼電器，爲確保踏板感知器在正確位置，我們在感知器與伺服間使

用不同長度間隔物,其間隔物顏色與煞車輔助泵超載繼電器顏色相同(如圖
3-12)。

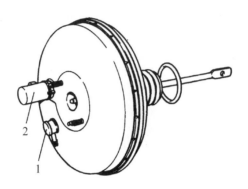

2

1

圖 3-12   踏板感知器安裝位置

🔲 3-2.5   車輪感知器

車輛感知器裝於前輪,感應輪壓入驅動軸外部,感知器裝於輻射狀軸
心外殼上與感應輪相對,在後輪感應輪壓入後輪輪轂,感知器裝於軸上與
與感應輪相對,後感應輪可互換,前輪及後輪感應輪均48齒,如圖3-13所
示為感知器,非 ABS/TRACS 之作用。

車輪感知器將車輪旋轉快慢傳遞至控制模組,當車輪轉動時感應輪齒
輪在感知器線圈感應出電流,每秒鐘通過齒數產生頻率與電壓之AC訊號,
引擎速度直接使頻率與電壓變化。當車輪每秒鐘旋轉乙圈正常感應出大約
300mV AC 電壓,控制模組會依頻率計算出車輪轉動是否升高或降低,若
有任何感知器故障,ABS/TRACS 將會截斷作用。

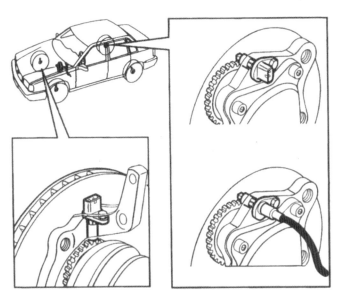

圖 3-13　車輪感知器

3-2.6　警告指示燈與開關

　　此車輛裝有三種煞車警告指示燈(如圖 3-14 所示)，並裝有 TRACS 及其警告指示燈與開關。

CHAPTER

3

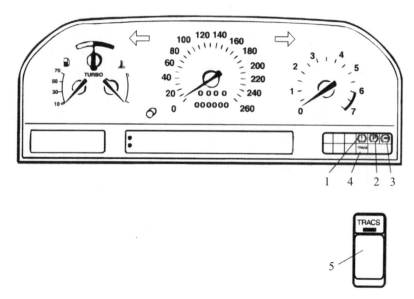

圖 3-14　警告指示燈

1.　煞車線路警告指示燈(1)，若行駛中踩煞車時燈亮者，則煞車油面太低。

2.　手煞車警告指示燈(2)。

3.　ABS警告指示燈(3)，若此燈亮者代表ABS/TRACS系統無作用，但正常煞車系統仍然有作用。

4.　TRACS警告指示燈(4)，若此燈亮者，則TRACS無作用。

5.　TRACS開關(5)，開關使TRACS ON 或 OFF。

3-3　系統作用

3-3.1　輸入訊號(如圖 3-15 所示)

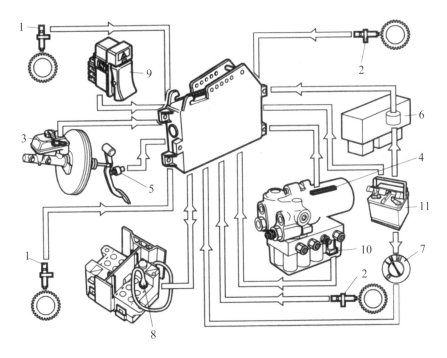

圖 3-15　輸入訊號

1.前車輪感知器	(1)	7.高壓線圈，供點火用	(7)
2.後車輪感知器	(2)	8.連接頭(DLC)	(8)
3.踏板感知器	(3)	裝有 TRACS 附加；	
4.泵浦馬達旋轉感知器	(4)	9.儀表開關	(9)
5.煞車燈開關	(5)	10. TRACS 壓力開關	(10)
6.繼電器	(6)	11.電瓶(供應電壓、電流)	(11)

■ 3-3.2　控制作用

控制模組依據輸入與輸出訊號控制下列組件與作用(如圖 3-16 所示)：

1.　電源經由繼電器(1)供應至液壓電磁閥。

2.　液壓電動馬達經由繼電器(2)由 ABS 和 TRACS 控制。

3.　液壓電磁閥受 ABS 和 TRACS 控制(3)。

4.　若故障影響到ABS和TRACS則儀表板上ABS警告指示燈會ON/
　　OFF(4)。

5.　若故障只影響到TRACS則儀表板上TRACS警告指示燈會亮ON/
　　OFF(5)。

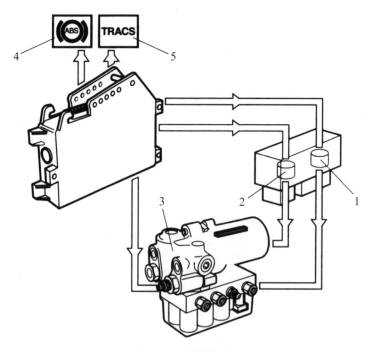

圖 3-16　控制作用

當點火開關在ON亦即引擎起動時則控制模組開關警告指示燈ON，控制模組先作自我檢查，是否本身作用正常，此時繼電器也作動，所以控制模組和液壓系統電磁閥均有電源。

若無故障發現，則警告指示燈大約 2 秒鐘後熄掉，在同時控制模組作動液壓電磁閥；當液壓電磁閥作動，會使煞車踏板輕微向上移動，且可從液壓系統聽到聲音，則代表正常。

當汽車停止行駛時，控制模組會從車輪感知器獲得訊號作檢查。當汽車初次速度到達 30km/h，控制模組經繼電器檢查液壓泵作動。旋轉感知器偵測泵浦旋轉並且送出訊號至控制模組，有些聲音可從液壓系統短暫聽到，但對正常作用無任何影響。

控制模組在最初診斷期連續檢查所有訊號及組件作用，此時它無內部自我故障診斷功能，汽車行駛速度大約超過 7km/h 時，則 ABS 系統只作動一次。

3-3.3　防鎖定煞車系統(ABS)作用

當煞車時控制模組(1)(如圖 3-17 所示)從煞車燈開關(2)接受訊號，本身瞭解煞車進行中，控制模組致使ABS系統準備中，煞車燈開關訊號對ABS開始作動無影響，但它作動時更小心。

車輪感知器(3)將每輪傳遞一個訊號至ABS控制模組，並使用這些訊號來計算車輛參考速度，若車輪鎖住則控制模組使 ABS 系統壓力機構(4)作用，調整液壓系統至車輪壓力，避免車輪鎖住。

當車輪旋轉滑動率相對於路面磨擦率在 20%，煞車時油路壓力應控制在最大可能煞車效力。

車輛速度大約超過 7km/h，ABS 只作用乙次，此意思為車輪速度低於 7km/h 時必須鎖住。控制模組從煞車踏板位置的感知器(5)獲得訊號，此訊號可控制液壓泵，故不可讓 ABS 影響煞車踏板位置太多。

CHAPTER

3

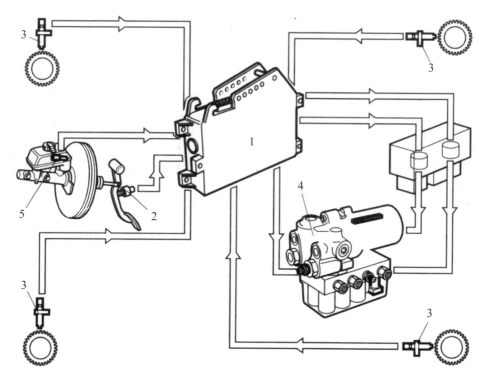

圖 3-17　防鎖定車系統(ABS)作用

ABS 作用有三個時期：

1. 維持等壓：

　　　車輪即將鎖住，控制模組切斷進油閥油路，預防煞車壓力增加太高，若車輪旋轉速度連續降低，煞車壓力必須減少到至少可維持煞車的地步。

2. 減壓：

　　　控制模組開啓出油閥油路，減少煞車壓力，允許增加車輪旋轉速度，若車輪速度增加太快，則煞車壓力必須增加。

3.　增壓：

　　控制模組截斷出油閥並且開啟進油閥油路，增加煞車壓力使車輪轉速變慢。

　　此系統重覆步驟 1.2 或 3 直到煞車完成或 ABS 系統停止。

◾ 3-3.4　防鎖住煞車系統(ABS)控制

1.　不踩煞車：

　　當駕駛員無踩煞車，煞車系統不作用(亦即煞車總泵在靜止位置)，系統無壓力。

　　液壓系統閥體和液壓閥均在靜止位置，換言之；進油閥開啟而出油閥關閉。

2.　踩煞車但 ABS 無作用：

　　當踩下煞車踏板，踏板移動量經增壓輔助器超負載繼電器到煞車總泵活塞(1)(如圖 3-18 所示)和煞車燈開關接桿，在活塞中心閥關閉連接到儲油室(2)，允許煞車油路增壓作用。

　　第二條煞車油路增壓及作用在鉗夾器活塞上，因此使煞車塊和煞車圓盤相對作用。當煞車踏板放鬆，恢復到原來位置，則煞車總泵活塞回到原來靜止位置，總泵連接到儲油室的中心閥開啟，使煞車系統壓力降低，煞車鉗夾器在O型環作用下使活塞回到原來靜止位置。

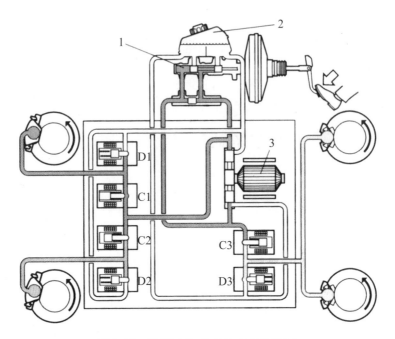

圖 3-18　防鎖定煞車系統 (ABS)控制

3-3.5　踩煞車時 ABS 有作用

　　若煞車期間車輪即將打滑，控制模組進油閥(C1,C2,C3)至煞車油路關閉，同時出油閥，(D1,D2,D3)仍然關閉，若煞車連續增壓延遲，控制模組開啓出油閥使煞車油流回儲油室(2)，液壓系統減壓後，使煞車效應減弱允許車輪轉速增加。若加速太快，則控制模組關閉出油閥及開啓進油閥。

　　依據踏板位置，液壓泵(3)耦合使泵浦作用從儲油室供應至油路中，故踏板位置停留在相同位置。重覆此直到順利煞車停止或車輪與另外車輪相對於地面摩擦，故其轉速相同。

　　當 ABS 有作用，出油閥開啓而進油閥關閉，則不會影響煞車踏板位置。當 ABS 有作用，出油閥關閉而進油閥開啓，系統壓力將增加使煞車踏板向下移動，煞車踏板向下移動一個步階，泵浦耦合及運轉直到踏板感知器偵測出踏板向上移動一個步階。壓力變化由於閥門開啟或關閉和泵浦作用使煞車踏板輕輕向上移動，或可從系統聽到聲音。踏板位置和路表面自然率，聲音變化平平代表系統完全正常。

1.　若煞車時油路故障：

　　踩下煞車踏板，但主油路故障(漏油)，主活塞向前移動直到作用到第二活塞，只在第二條油路增壓，煞車效應將限制於後輪煞車。

　　減壓閥是安全保護作用，若前油路漏油，預防煞車壓力至後輪造成煞車不良，其意為後輪煞車油路完全有煞車壓力。

　　若第二條油路有漏油，壓力使主油路向前推第二活塞至油壓缸底，只在主油路增壓，則煞車動力只作用在前輪。

　　另一種意義為駕駛者感知壓力降低，煞車壓力增加到每一條油路上，若儲油室內油平面下降太低則煞車系統警告指示燈將會亮者。

2.　假如 ABS 系統油路故障：

　　若 ABS 是 ON，而控制模組偵測出煞車踏板在 7 位置(無限大電阻)則泵浦耦合大約運轉 0.7 秒鐘，若無向上推煞車踏板至少一個步階(即為洩漏)則 ABS 截斷。

3-4　循跡控制系統(TRACS)

◻ 3-4.1　前言

　　ABS 系統與 TRACS 為整體式組件，其作用在防止車輪旋轉系統鎖定，它主要設計是幫助車速超過 40 km/h 以上的打滑表面偏移方向，在速度超過 40 km/h 以上時 TRACS 只產生很小限制效應。

　　若TRACS開關ON其電源經由儀表板上的開關(1)(如圖3-19所示)和控制模組(2)經由前輪感知器(3)偵測，一個驅動輪比另外一輪旋轉速度快時則液壓泵(4)耦合。泵浦泵煞車油至打滑車輪鉗夾器，TRACS閥門截止，主油路增加煞車壓力，煞車作用剛好足過壓力確保兩驅動輪相同速度旋轉，引擎推出多少動力在此過程是獨立的，期間液壓泵連續運輸。

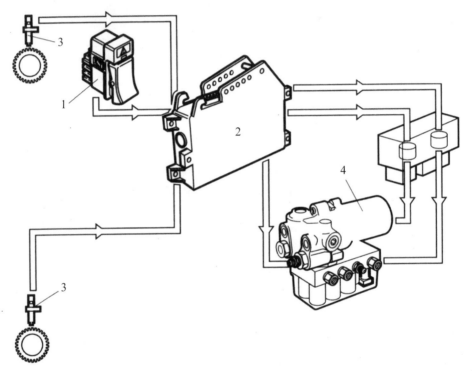

圖 3-19　循跡控制系統(TRACS)

　　若下列產生 TRACS 截止作用：

1.　車輪打滑停止。

2.　駕駛者踩煞車踏板。

3.　煞車時發生過熱。

4.　系統經由儀表板上的開關關閉。

　　依據車輛行駛速度多快，TRACS 將耦合前驅動車輪速度間的一些差異，若汽車行駛速度在 0 km/h，TRACS 耦合前任何一輪超速旋轉大約 18 km/h。在 20 km/h 行駛速度，TRACS 耦合前大約 8 km/h 超速旋轉。在 40 km/h 行駛速度，大約 25 km/h 超速旋轉。當行駛速度更高時，更多的超速旋轉，更需要著 TRACS 作用耦合。

　　控制模組監控多少 TRACS 及 ABS 在使用，並且計算前輪煞車圓盤理論溫度，假如煞車圓盤發生溫度過高，則 TRACS 截斷，有一個 DTC 在控制模組告知，使警告指示燈亮者。點火開關 OFF 後，控制模組增加到 0.5 小時保存資料，用來估計煞車圓盤溫度。

3-4.2　TRACS 作用

1.　TRACS 無作用：

　　　　若既不是驅動車輪打滑又不是煞車系統影響，此系統無壓力產生，液壓系統閥體組及液壓閥均在靜止位置，進油閥和TRACS 的閥門開啓，出油閥關閉。

2.　若一個或兩個車輪開始打滑，TRACS 如何產生作用：

　　　　若車輛偏移及一個或兩個驅動車輪即將打滑，控制模組由車輪感知器訊號與使用已知參考速度作比較而偵測出，控制模組藉 TRACS 閥門(2)關閉煞車總泵主油路至液壓系統泵浦(1)之間通路(如圖 3-20 所示)，控制模組關閉(到)無打滑車輪的進油閥(C1,C2)，故此輪無煞車作用及開關使液壓泵ON。泵浦產生壓力到達打滑車輪及煞制它，直到它旋轉速度與另外車輪相同。假如煞車作用力太大車輪緩慢降太多，由於進油閥關閉及出油閥(D1,D2)開啓使煞車壓力減少，造成車輪轉速再度增加。假如再度需要更多煞車力，進油閥開啓而出油閥截斷，所以煞車壓力再度增加，進/出油閥連續作用直到打滑車輪及煞車過熱發生危險停止。

CHAPTER 3

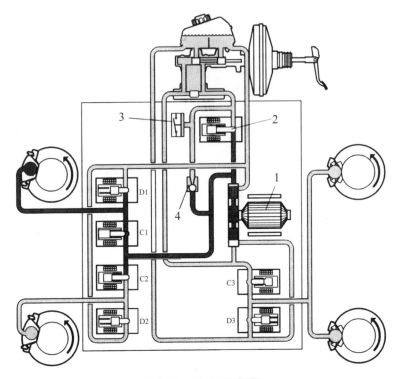

圖 3-20　TRACS 作用

　　當踩煞車,煞車燈開關觸桿由壓力感知器(3)作動使電磁閥電源至控制模組造成斷路。液壓泵停止作用使控制模組截斷 TRACS 作用,並且開啓 TRACS 電磁閥,ABS 系統預備中。

　　TRACS有作用時,液壓泵浦在所有時間均在運轉,並且輸出比正常所需更多煞車油,額外煞車油經液壓系統閥體機構溢流閥(4)回至儲油室。

3-5　防鎖定煞車系統(ABS)及循跡控制(TRACS)的診斷

3-5.1　系統診斷

　　控制模組內在有一個診斷系統能連續監控輸入與輸出訊號，若控制模組偵測出故障訊號，它傳送一個 DTC 及變換一個或兩個警告指示燈(ABS 或 TRACS)，除 DTC 1-4-2「煞車燈開關故障」和 DTC 1-4-3「控制模組故障此處無法使警告指示燈轉變成ON」，診斷系統有兩個診斷測試模式(DTMs)：DTM 1 和 DTM 4，ABS 和 TRACS 診斷系統經由 DLC A 3 端讀出。

　　1.　診斷測試模式 1 (DTM 1)(如圖 3-21 所示)：

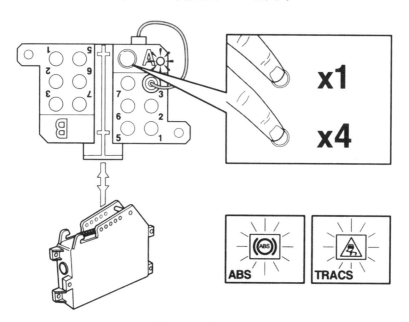

圖 3-21　系統診斷

　　　　DTM 1 使用於故障讀出及產生錯誤 DTC，診斷系統能鍵定 36 種不同故障碼形成一種 DTC，經由 DLC 而讀出故障碼，診斷系統任何時間能維持並增加到 10 種 DTC，控制模組能依故障分類及優先順序儲存 DTC。嚴重故障會使警告指示燈轉變成 ON 而使 ABS 及 TRACS 完全截斷，較輕故障會使警告指示燈轉變成 ON 及會截斷一些作用。若零件故障只會影響 TRACS，造成本身截止作用及將警告指示燈轉變成 ON，若 ABS 警告指示燈 ON 時，則 ABS 系統作用不正常。

　　　　控制模組偵測一些故障類型前，汽車必須行駛在 20km/h 以上，因它從前輪感知器訊號在 20km/h 以下，可能得到一般類似故障的訊息，直到汽車行駛速度在 20km/h 以上無 DTC 儲存。

2.　診斷測試模式 4 (DTM 4)：

　　　　DTM 4 使用在車輛改變速度時，DTC 會讀出，此處有三種可能變速箱速度：

(1)　基本速度。

(2)　×2 速度。

(3)　×10 速度。

3-6　整體式電子煞車力分配(EBD)系統說明

　　　如圖 3-22 所示，此系統採用整體式電子煞車力分配(EBD)作用，主要對以前模組做改變比較，此型式命名為 ABS Mark20 稱為 ITT(TEVES)系統改變如下：煞車油路對角分配(X 型)(LF+RR，RF+LR)、每個車輪獨立控制、新式煞車總泵(兩條油路煞車油為等量)、煞車踏板感知器伺服缸〔感知器連接至引擎控制模組(ECM)〕、油壓、新式車輪速度感知器(作用感知器)、控制模組採用穩定和牽引控制(STC)補償此系統，將牽引控制改變成

STC 系統。

後輪液壓控制件為獨立控制，每輪 2 個閥門共 8 個閥門，牽引控制(TC)或 STC 系統，則裝置 2 個液壓閥，2 個電磁閥和 2 個旁通閥，將控制模組鎖入 ABS。

車輪速度感知器(Wheel speed sewsor)崁入電子油路上，控制模組送出電壓於 Ubat，感知器依 7 或 14mA 數位電流信號反應，對電壓信號能更確實獲得信號，電流超過最高值使最小值漸失改變。

控制模組取決於不同脈衝輪，脈衝輪(pulse wheel)有 48 齒機構和 48 齒磁性脈衝輪。

控制模組(control module)，使用三種不同款式：(1)ABS，(2)ABS ＋牽引控制，(3)ABS ＋ STC。

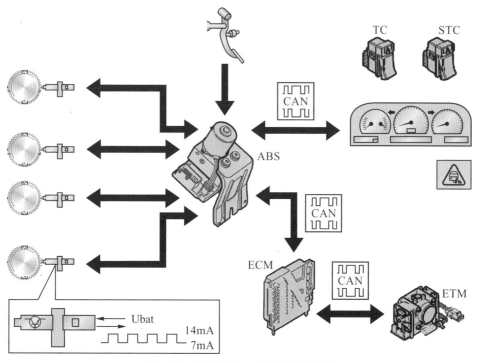

圖 3-22　電子煞車力分配(EBD)系統

◨ 3-6.1　防鎖住煞車系統(ABS)

　　煞車作用期間車輪可能鎖住，為了確保車輪無鎖死仍維持最大煞車效能，且能維持車輛駕控性和轉向操控性能力，車速超過每小時 7 公里(Km/h) ABS 開始作用，低於此速度車輪被鎖住，煞車或轉向無實際效能(作用)。

　　ABS系統有四條油路，亦即每個車輪獨立控制，液壓控制模組每條油路均有〔進油閥(C1、C2、C3 和 C4)和出油閥(D1、D2、D3 和 D4)〕，而且有兩個蓄壓器(A1 和 A2)，第一條主油路(LF+RR)和第二條油路(RF+LR)，靜止位置所有閥門均在起始點上；換言之，進油閥開啟，出油閥關閉；而蓄壓器無油壓，每個進油閥有一個回復閥，當煞車踏板放鬆車輪分泵存有高煞車壓力時，回復閥開啟使煞車力快速釋放，避免車輪拖曳產生。

◨ 3-6.2　防鎖住煞車系統(ABS)控制

　　當踩下煞車踏板，煞車油流至系統使煞車產生作用，若右前輪趨於鎖住時，產生下列動作：電動泵浦開始起動及運轉，同時控制ABS作用，進油閥(C4)關閉，亦即煞車踏板向下踩更深也無法增加煞車壓力，此種現象稱為壓力維持階段。

　　在任何時間車輪被鎖住時出油閥(D4)開啟，使煞車油經蓄壓器(A2)流回至電動泵浦，造成壓力減弱使車輪加速，此種現象稱為壓力減弱階段。

　　出油閥(D4)截斷而進油閥(C4)開啟，控制模組感測車輪加速；煞車壓力增加而使車輪煞住，此種現象稱為壓力增加階段。

　　前及右後輪(FR+RR)說明壓力維持階段，左前輪(FL)壓力增加階段，左後輪(RL)壓力減弱階段。

　　當電動泵浦運轉時，煞車油流回於總泵經由進油閥油管之間，若有一個出油閥開啟同時進油閥關閉，煞車油僅流經至煞車總泵，亦即煞車踏板被向上推。若一個或更多個進油閥打開，使煞車油流至車輪分泵使車輪煞車，則煞車踏板一點點向下推或輕微向下沈，煞車踏板移動使ABS產生作用將信號傳送至駕駛者。煞車總泵活塞處有中央閥，此閥正常是開啓，煞車儲油壺經油道連接至活塞前室，煞車使活塞影響閥門關閉及再活塞前產生壓力，蓄壓器補償電動泵浦進油邊容量及壓力，完成控制後電動泵浦繼續運轉大約 1 秒鐘之後確保蓄壓器空的狀態。

3-6.3　電子煞車力分配(EBD)

　　正常煞車作用期間(ABS 無控制)及分配煞車力於後輪，正常前後輪滑動變化依據煞車力及車輛負載力，電子煞車力分配(EBD)作用確保後輪速度比前輪速度高於 0-2%。

　　EBD作用藉由控制模控制，電動泵浦無作用將由蓄壓器供用煞車油，僅控制一個閥門到後輪，如圖 3-23 所示。

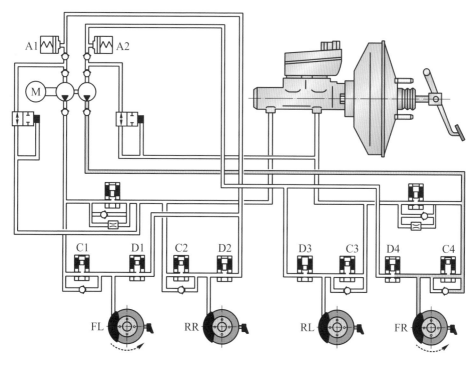

圖 3-23　電子煞車力分配(EBD)作用

3-7 穩定系統(Stability system)

◘ 3-7.1 牽引控制作用

　　增加驅動輪(driving wheel)在較低速度能向前移動偵測及控制車輪旋轉，若一個車輪開始旋轉，車輪自動鎖住，使行駛動力傳遞至其他車輪將速度增加大約 40Km/h。當牽引控制作用速度則增加到 80Km/h，牽引控制類似於電子抑制防滑差速器作用。

　　起動之後連接牽引控制使用一個開關能分離作用，若駕駛者踩下煞車踏板，系統作用功能被分離(無作動)，控制模偵測牽引控制(TC)控制程度及計算實際煞車溫度。若煞車過熱則分離作動，同時警告燈及故障碼被儲存。煞車溫度降低(不冷)警告燈熄滅，牽引控制重新作動但是故障碼(DTC)仍然儲存於記憶體(注意：若煞車嚴重操作(Work hard)診斷故障碼(DTC)也會被儲存)。

　　車輛裝有牽引控制(TC)則 ABS 液壓調節器(hydraulic modulator)包含下列零件：

　　(1)液壓閥、(2)電磁閥、(3)旁通閥。液壓缸、主缸此處有一個中央閥，此閥正常爲打開能確保牽引控制(TC)作用期間，電動泵浦接受足夠煞車油，牽引控制類似於 TRACS。

◘ 3-7.2 牽引控制控制

　　車輛行駛分離，若在前輪趨於旋轉，產生下列情形：電磁閥(2)關閉和連接電動泵浦壓力邊及總泵之間堵住，左前輪進油閥(C1)關閉，故車輪無法煞車，作用期間電動泵等速運轉，從煞車總泵經由液壓閥(1)，獲得煞車油再傳輸至右前輪，相同速度車輪被鎖住，則在車輪之間左前輪和行駛動力分離，控制模控制進油閥(C4)和出油閥(D4)關和開，並且控制車輪旋轉(煞車力)。

電動泵浦關掉(OFF)停止控制，電磁閥(2)打開使進油閥及出油閥恢復正常煞車位置，若停止控制：車輪停止旋轉，因為路面與輪胎之間增加摩擦力，產生煞車鼓過熱，產生煞車作用，另外從煞車總泵液壓閥(1)截斷壓力及電動泵浦不再從煞車總泵獲得煞車油。

信號控制電動馬達使用一種固定頻率，但是一種不變脈衝寬度，亦即為引擎轉速(RPM)和牽引控制期間響聲變化，電動泵浦控制比正常需求提供更多煞車油，達一定壓力下這些兩個旁通閥(3)打開，當閥門開啟煞車油，由儲油壺經由煞車總泵流回。

3-7.3　穩定控制作用

驅動輪(車輪)在各種速度，偵測及控制車輪旋轉對車輛牽引和穩定做改進，若一個或兩個車輪開始轉動(比後輪旋轉快速)則引擎控制模(ECM)對引擎扭力限制，駕駛者踩下煞車踏板分離作用，此種作用類似對 DSA S/A 40，如圖 3-24 所示。

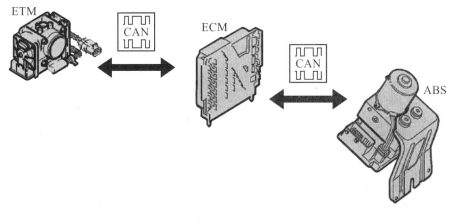

圖 3-24　ETM，ECM，ABS 模組

◨ 3-7.4　穩定和牽引控制(STC)作用

　　STC=牽引控制(TC)＋穩定控制，最大共同作用取決於環境和行駛狀況，若駕駛者踩下煞車踏板 STC 無作用，開關安置於儀表板上。

3-8　循跡控制及輔助系統

◨ 3-8.1　防鎖住煞車系統(ABS)

　　與 ESP 相反，ABS 會要求駕駛者作動煞車，系統並不會獨立作動。煞車期間 ABS 會比較 4 個車輪的速度，若有個別車輪鎖死的危險則 ABS 會防止煞車壓力更進一步地增加，駕駛者會察覺 ABS 控制作動因為踏板會輕微的震動這是因為 ABS 作動期間煞車壓力會產生變化如圖 3-25。

　　因為 ABS 會避免個別車輪鎖死所以可維持車輛的可轉向，無法以手動方式作動 ABS 功能。

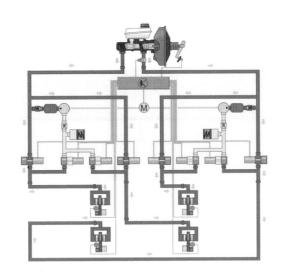

1 - 油壺	13 - 右前 ABS 進口閥
2 - 煞車伺服器	14 - 右前 ABS 出口閥
3 - 煞車踏板感知器系統	15 - 左後 ABS 進口閥
4 - 煞車壓力傳感器	16 - 左後 ABS 出口閥
5 - ABS/ESP 控制電腦	17 - 左前輪煞車分泵
6 - 回流泵	18 - 左前車速感知器
7 - 蓄壓器	19 - 右前輪煞車分泵
8 - 緩衝室	20 - 右前車速感知器
9 - 左前 ABS 進口閥	21 - 左後輪煞車分泵
10 - 左前 ABS 出口閥	22 - 左後車速感知器
11 - 右後 ABS 進口閥	23 - 右後輪煞車分泵
12 - 右後 ABS 出口閥	24 - 右後車速感知器

 進口閥 IV(9)：開啟

 出口閥 OV(10)：開啟

 進口閥 IV(9)：關閉

 出口閥 IV(10)：關閉

圖 3-25　ABS 控制說明

壓力維持

　　若ABS控制電腦確定車輪有鎖死的危險,控制系統會同時關閉受到影響車輪的ABS進口閥及出口閥,因此會維持分泵中的壓力且不會因駕駛者踩下煞車而進一步增加壓力如圖3-26所示,IV(9):關閉　OV(10):關閉。

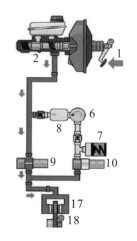

由駕駛者作動煞車
1.踩下腳煞車
2.串接式煞車總泵
6.回流泵
7.蓄壓器
8.緩衝室
9.ABS進口閥
10.ABS出口閥
17.煞車分泵
18.車速感知器

圖 3-26　踩剎車

壓力下降

　　若仍有鎖死的傾向則控制系統會開啟ABS出口閥並關閉ABS進口閥。現在可將分泵壓力釋放至蓄壓器中,因此車輪可再次加速,若蓄壓器的容量不足以消除車輪鎖死傾向則ABS控制系統會作動回流泵,已朝駕駛者施加煞車力道的反方向將煞車油泵回油壺中,這將會使煞車踏板產生脈動IV(9):關閉 OV(10):開啟,如圖3-27所示。

ABS調節「降低壓力」
1.踩下腳煞車
2.串接式煞車總泵
6.回流泵
7.蓄壓器
8.緩衝室
9.ABS進口閥
10.ABS出口閥
17.煞車分泵
18.車速感知器

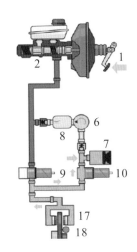

圖 3-27　ABS 調節降低壓力

壓力提升

　　若輪速再次超出規定值則控制統會關閉 ABS 出口閥並開啟 ABS 進口閥。必要時回流泵會持續作動，若再次達到鎖死限制則會反覆「維持壓力」、「降低壓力」、及「提升壓力」循環，直到煞車程序完成或輪速比較顯示車輪沒有進一步鎖死的危險為止，IV(9)：開啟　OV(10)：關閉，如圖 3-28 所示。

ABS調節「提升壓力」
1.踩下腳煞車
2.串接式煞車總泵
6.回流泵
7.蓄壓器
8.緩衝室
9.ABS進口閥
10.ABS出口閥
17.煞車分泵
18.車速感知器

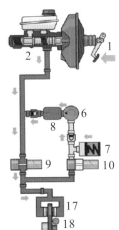

圖 3-28　ABS 調節提升壓力

僅煞車介入的煞車系統

下列的循跡控制系統，會以透過液壓煞車系統的煞車作動來抵抗危急狀態控制包括如下：

- 搖擺扭矩控制(YMC)。
- 電子煞車力自動分配系統(EBD)。
- 轉向煞車控制(CBC)。
- 電子差速器鎖定(EDL)及
- 進階防鎖死煞車系統(ABSplus)。

3-8.2　搖擺扭矩控制(YMC)

過去搖擺扭矩控制系統(YMC)亦稱之為搖擺扭矩提升減速(GMA)，它經常發生轎車四輪與路面之間有不同抓地力的現象如圖 3-29 所示。例如：可能在充滿碎石的下陷路面或不同磨損程度的平滑路面部分(如：車轍)。因此煞車操作期間可能會因為路面的抓地力不同，而對車輛垂直軸產生搖擺扭矩，這些都會使車輛脫離原行駛路線。

ABS 控制系統軟體延伸可藉由短暫限制左側及右側車輛之間的煞車壓力提升差異來抵抗搖擺扭矩，因此稱之為搖擺扭矩控制。緩慢提升煞車壓力差異，可給予駕駛者較多的時間來反應。

未配備YMC的車輛　　　　　　配備YMC的車輛

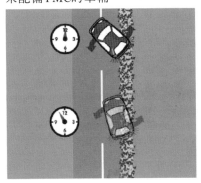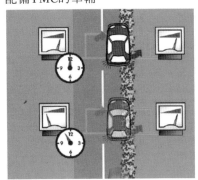

圖 3-29　未配 YMC 與配備 YMC 之差異性

　　較具抓地力路面上的車輛側比光滑路面的車輛側，較具抓地力路面上的車輪的煞車壓力不會迅速增較大的制動力，在此情況下因為駕駛者透過轉向，因此克服了危險的搖擺率，轉向的補償不夠迅速會產生搖擺率，而導致搖擺扭矩出現。

　　若 YMC 功能中的 ABS 系統確定在操作煞車期間，左側車輪的輪速與右側車輪的輪速有所差異時，系統會判定可能發生使車輛不穩的搖擺扭矩。因此會稍微延遲至動轉速較高的車輪，直到右側及左側車輪的輪速再次相等為止，為達到此目的控制系統會稍晚開相關的ABS進口閥因此分泵壓力提升會較慢。

◼ 3-8.3　電子煞車力自動分配系統(EBD)

　　若車輛後軸鎖死，車輛會不穩定且因失控而脫離原行駛路線，電子煞車力自動分配系統(EBD)功用為避免危急狀態發生。由於車輛上的配重裝置，後軸車輪的負載明顯低於前軸。為了可以控制車輛動態，煞車壓力定義前軸煞車應於後輪之前鎖死，以保持車輛在縱向的穩定性如圖 3-30 所示。

CHAPTER

3

圖 3-30　車輛的重量配置顯示前軸的車軸負載較高。

　　由於煞車時的顛簸，前軸的車軸負載會增加而後軸的負載減少。強力煞車時車重會轉移到前輪上，車輛會沿著其橫軸傾斜後軸負載會減少。因此後輪會鎖死，因為減少與路面的接觸，煞車力將無法施加於路面上，因此煞車力配置要求將受到破壞如圖 3-31 所示。

圖 3-31　前軸的車軸負載會增加而後軸的負載減少

　　以車速感知器為基礎，控制系統會偵測後軸在發生顛簸時所產生的過度煞車，透過ABS元件中的電磁閥，EBD系統會調節後輪的煞車壓力，已確保前軸及後軸皆有最大煞車力，這可避免車輛後端因過度煞車而脫離原行駛路線，兩後輪間會因為路面狀況不同而有不同的煞車力分配如圖 3-32 所示。

　　後軸過度煞車最早是透過機械是煞車壓力分配器來克服，採用ABS系統後煞車壓力分配透過車輛的液壓煞車系統亦以對角方式作用。

　　煞車時的顛簸急轉彎時的傾向傾斜，其所產生的車輪負載變化程度視行駛狀態而定。因此煞車壓力有不同的配置方式，與機械式煞車壓力分配相反，EBD系統可個別調節各後輪的煞車壓力。因此也將不同的路面狀況列入考量，EBD會偵測一個或兩個後輪的減速情形，並降低相對應車輪的煞車壓力，系統的作用範圍內只要車輪顯示鎖死傾向增加，EBD就會停止作用在此情況下ABS系統會作動。

EBD的作用為避免後軸過度煞車

圖 3-32　EBD 系統自動調節後輪剎車壓力

　　EBD功能不需要任何額外的組件；其係使用ABS系統車的可用組件，電子煞車力自動分配系統為ABS系統軟體的延伸。

　　比較前軸及後軸的轉速差異，若差異量超出最大值、偵測到後軸過度煞車，EBD系統會作動。然後EBD系統會關閉左後和/或右後輪的ABS進口閥，這可避免更進一步的壓力提升並維持分泵中的壓力。前輪進口閥開啟以建立煞車壓力時，後輪出口閥關閉，在後軸可能有過度煞車的情況下，相對應的ABS出口閥會更進一步開啟，以降低煞車壓力。在煞車不足情況下會提升壓力程度以儘可能地傳輸足夠的煞車壓力，這可使得潛在摩擦連接最佳化，簡單來說EBD系為ABS以三種方式作用於後輪上來進行調節：「維持壓力」、「降低壓力」、「提升壓力」如圖3-33所示。

CHAPTER

3

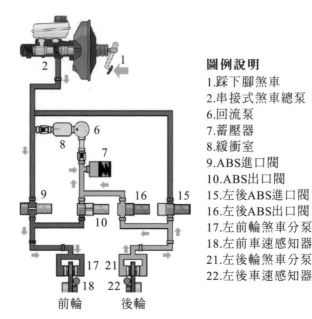

圖例說明
1.踩下腳煞車
2.串接式煞車總泵
6.回流泵
7.蓄壓器
8.緩衝室
9.ABS進口閥
10.ABS出口閥
15.左後ABS進口閥
16.左後ABS出口閥
17.左前輪煞車分泵
18.左前車速感知器
21.左後輪煞車分泵
22.左後車速感知器

前輪　　後輪

圖 3-33　EBD 系為 ABS 以三種方式作用於後輪上來進行調節

3-8.4　電子差速器鎖定(EDL)

　　電子差速器鎖定(EDL)最早是設計來做為起步輔助，若加速時其中一個驅動輪打滑，EDL 會作動車輛動態因此會制動打滑車輪，這都得歸功於煞車的特別介入，傳送至打滑車輪的驅動扭力會增加。差速器可傳輸較大的驅動扭力來固定驅動軸的車輪，車輛可較快加速且維持可轉向性，因為效果大約與機械式差速器鎖定系統相同，所以系統亦稱之為電子式差速器鎖定系統。

　　車輛僅可由傳送至打滑車輪的驅動力加速，因為差速器僅能傳遞兩個車軸驅動扭力的較小者，車輪僅能緩慢加速，制動濕滑路面上的車輪，且會限制打滑。因此透過差速器及傳送至未打滑車輪的驅動力增加，同時配備 EDL 的車輪達到較高車速。 EDL 最高可在車速 80km/h 最高至 120km/h

時作動，轉彎時亦然，煞車踏板作動或在 ABS 控制電腦算出的最高煞車碟盤溫度時會立即解除 EDL 作動如圖 3-34 所示。

未配備DEL的車輛

配備DEL的車輛

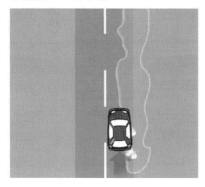
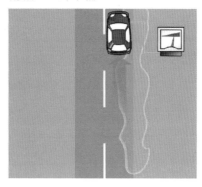

圖 3-34　左圖未配 EDL 右圖裝配 EDL

　　基本上裝有 EDL 的 ABS 煞車系統如圖 3-35 所示與純 ABS 系統不同，有 EDL 的 ABS 煞車系統可個別提升煞車壓力。EDL 使用 ABS 系統的車速感知器，不需要任何技術延伸組件，ABS 控制電腦中的軟體由 EDL 功能延伸，這係藉由額外的閥門及液壓單元中的自吸式回流泵達成，若控制電腦偵測到處於 EDL 作動狀態，則不需要踩下煞車踏板即可提升打滑車輪煞車管路中的煞車壓力。

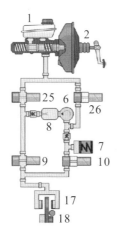

未作動位置
1.油壺
2.煞車伺服器
6.回流泵
7.蓄壓器
8.緩衝室
9.ABS進口閥
10.ABS出口閥
17.煞車分泵
18.車速感知器
25.開關閥
26.高壓閥

圖 3-35　EDL 系統

　　以輪速爲基礎 EDL 確定其中一個驅動軸車輪打滑度較高(亦即轉速較另一車輪快)，因此 EDL 會制動打滑車輪使驅動力可再次傳送至打滑車輪進行調節時，與 ABS 系統相似，有三種方式「維持壓力」、「降低壓力」、「提升壓力」。

壓力提升

　　爲要提升壓力會關閉開關閥並開啓高壓閥，回流泵作動然後導入來自煞車總泵煞車油，因此打滑車輪分泵中的煞車壓力提升並制動車輪如圖 3-36 所示。

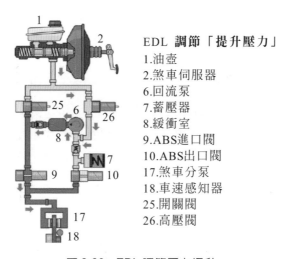

EDL 調節「提升壓力」
1.油壺
2.煞車伺服器
6.回流泵
7.蓄壓器
8.緩衝室
9.ABS進口閥
10.ABS出口閥
17.煞車分泵
18.車速感知器
25.開關閥
26.高壓閥

圖 3-36　EDL 調節壓力提升

壓力維持

　　爲保持車輪煞車管路中的煞車壓力，僅會解除回流泵的作動，開關閥維持關閉，制動車輪的煞車壓力維持不變如圖 3-37 所示。

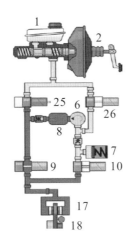

圖 3-37　EDL 壓力維持

壓力下降

為要降低壓力，會切斷進口閥及開關閥的電流(亦即開啓)如圖 3-38 所示。

EDL調節「降低壓力」
1.油壺
2.煞車伺服器
6.回流泵
7.蓄壓器
8.緩衝室
9.ABS進口閥
10.ABS出口閥
17.煞車分泵
18.車速感知器
25.開關閥
26.高壓閥

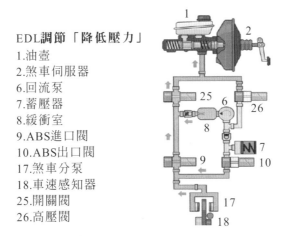

圖 3-38　EDL 調節降低壓力

3-8.5 進階防鎖死煞車系統(ABSplus)

進階防鎖死煞車系統(ABSplus)係ABS/ESP控制電腦中的軟體延伸。歸功於 ABSplus 鬆軟路面上煞停距離最多可縮減 20%(例如：碎石或砂地)。ABSplus 利用 ESP 感知器以 ABS 感知器及 ABS 控制電腦為基礎辨識現有的路面狀況，以受控的方式暫時鎖死車輪來縮減煞停距離。因此會藉由一併推動鬆軟路面在前輪建立所謂的煞車阻力，這會補償煞車效果並因此所縮短煞停距離。然而車輛會完全保有可轉向性，因為煞車會再次放開並允許車輪自由轉動。駕駛未配 ABSplus 車輛的駕駛者踩下煞車踏板，且車輛位於鬆軟路面上未縮短煞停距離；有配 ABSplus 的車輛上，車輪僅會在鬆軟路面上暫時鎖死，並因此在前輪上建立相對應路面材質的阻力，這會縮短煞停距離如圖 3-39 所示。

圖 3-39 左圖未裝配 ABSplus 右圖裝配 ABSplus

以煞車和/或引擎介入的煞車系統

下述的循跡控制系統，會已透過引擎管理系統和/或透過液壓煞車系統的煞車介入來抵抗整個危急狀態。

● 引擎煞車效果控制(EBC)。
● 引擎介入防鎖死煞車系統(E-ABS)及
● 循跡控制系統(TCS)。

引擎煞車效果控制

因為引擎煞車效果及來自引擎相對應的驅動扭力需求,引擎煞車效果控制(EBC)辨識驅動輪是否發生打滑,以便車輪重新起步縮短車輪打滑階段並恢復車輛的可轉向性。

車輛操作期間駕駛者將腳從油門踏板移開並降檔,在不良路面的情況下煞車壓力會導致車輛打滑這可能會使車輪鎖死。EBC 作動並藉由增加引擎扭力來降低車輛煞車效果,因此EBC系統可確保車輛的穩定性及可轉向性如圖 3-40 所示。

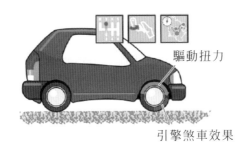

驅動扭力

引擎煞車效果

圖 3-40 EBC 增加引擎扭力來降低車輛煞車效果

若在車輛操作期間駕駛者迅速鬆開油門踏板,引擎會突然節流並降低驅動力。在此引擎情況下會使車輛以低動力行駛於不良路面情況下,引擎煞車效果可能會導致車輪鎖死或如失去橫向導引力而過度打滑,這會使得車輛無法轉向產生造成引擎煞車效果的摩擦力,此效果也就是我們所熟知的引擎煞車。此煞車效果與煞車壓力作動方式相同與驅動扭力相反。因為同時降檔的關係引擎煞車效果會增加,符合下述情況時引擎煞車效果會作動:

- 油門踏板未作動。
- 驅動輪打滑或鎖死
- 未入檔。
- 離合器未作動。

引擎煞車控制(EBC)的先決條件是必須為引擎介入的 ABS 組件,藉由

CHAPTER

3

　　EBC軟體來延伸ABS軟體。以車速感知器及來自引擎管理系統的必要資訊為基礎(例如：引擎轉速、節氣門位置、油門踏板位置)，有EBC功能的ABS控制系統會確認傳動輪是否再鬆開油門踏板降低引擎扭力時發生打滑。在此情況下ABS/TCS控制電腦會發送此資訊至至引擎控制電腦並用以計算必要的標準引擎轉速。

　　為在EBS情況下提升引擎轉速，會暫時開啓節氣門直到打滑的驅動輪恢復最佳水平為止，在此期間系統會保持最佳引擎煞車效果，但同時也會保有足夠的橫向導引力，在所有引擎轉速範圍EBC皆會作動，藉由踩下油門踏板來中止引擎煞車效果EBC如圖3-41所示。

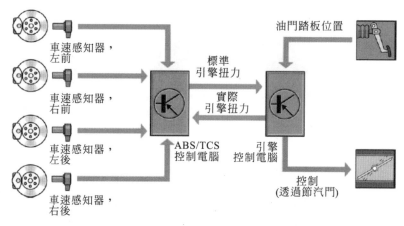

圖3-41　ABS/TCS控制電腦會發送此資訊至至引擎控制電腦

　　若以透過CAN資料匯流排傳輸的輪速及引擎管理系統為基礎，ABS控制系統確定驅動輪有打滑的危險，E-ABS會指示引擎管理系統更進一步地關閉節氣門，並以此來降低驅動扭力如圖3-42所示。引擎介入防鎖死煞車系統E-ABS係為一ABS系統作用範圍的延伸，其目的係為協助駕駛者起步並防止車輪打滑。配備E-ABS的車輛採用引擎管理系統介入的ABS控制系統它無法主動提升壓力。

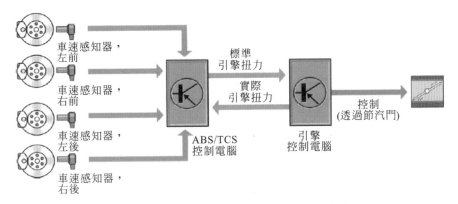

圖 3-42　引擎介入防鎖死煞車系統(E-ABS)

　　循跡控制系統(TCS)藉由降低驅動輪打滑，協助駕駛者在濕滑路面起步或加速，若驅動輪有打滑的危險 TCS 會降低驅動扭力

- 藉由特定的煞車打滑車輪
- 藉由透過引擎或變速箱管理系統介入來降低驅動扭力。

　　與 ABS 不同；因此 TCS 無法在車輛減速期間作動作動煞車程序，但加速期間可以。為要在車輛加速期間介入系統需與引擎管理系統連結，使之可影響驅動扭力並選擇在煞車系統中個別提升壓力，這是在不用駕駛者透過煞車踏板提升煞車壓力，用來制動打滑車輪的必要條件。

　　TCS 在所有車速範圍皆會作動，車速達約 80km/h 以後會透過引擎和變速箱管理系統的介入大降低驅動力，使用 ESP 及 TCS 警示燈來指示 TCS 控制介入，可使用 TCS 及 ESP 按鈕來解除引擎管理系統介入作動，未配備 TCS 的車輛：車輛在溼滑路面上加速，車輪打滑且車輛無法加速或僅可緩慢加速，在彎道上僅會傳送不足的橫向導引力所以車輛無法轉向。配備 TCS 的車輛：TCS 降低驅動力，並以此避免驅動輪過度打滑，可作動橫向導引力並維持車輛穩定如圖 3-43 所示。

CHAPTER

3

未配備TCS的車輛 　　　配備TCS的車輛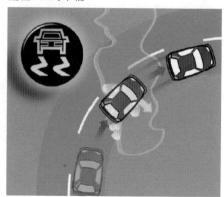

圖 3-43　左圖未配備 TCS 的車輛、右圖配備 TCS 的車輛

　　　TSC 的硬體及軟體專有名詞皆以 ABS 系統為基礎，TCS 係整合在高階程式記憶體的高性能 ABS 控制電腦中，使用如 ABS 的車速感知器訊號為要確保可執行所需的功能，TCS 系統必須在兩確認點延伸並與 ABS 系統相較。

- 液壓單元中的變化
- 至引擎管理系統的介面

1.　液壓單元中的變化

　　　　　EDL 功能已整合至 TCS 中因此 ABS 液壓單元的閥門配置係由兩個進口閥及出口閥所組成，此處更進一步的閥門延伸為：

-開關閥　　　　　　　　　-高壓閥

　　　　　為了個別提升煞車壓力，液壓單元中亦需要自吸式回流泵至引擎管理系統的介面與 ABS 相反，EDL、TCS 不但會作動煞車降低轉速，還會降低引擎輸出(亦即車輪的驅動扭力)。為達此目的油門踏板必須以機械方式從節氣門位置脫離，因此可個別從油門踏板位置來調節引擎輸出。

　　　　　有 TCS 的 ABS 系統使引擎扭力節流的方式有顯著的差異，

例如：系統配備輔助節氣門或執行選擇性停止點火，採用 CAN
資料匯流及電子節氣門功能，使其在不用額外組件的情況下可使
用便利介面來影響引擎扭力和轉速如圖 3-44 所示。

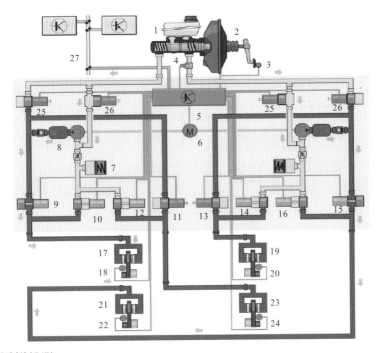

圖例說明

1.油壺	10.左前ABS出口閥	19.右前輪煞車分泵
2.煞車伺服器	11.右後ABS進口閥	20.右前車速感知器
3.煞車踏板感知器	12.右後ABS出口閥	21.左後輪煞車分泵
4.煞車壓力傳感器	13.右前ABS進口閥	22.左後車速感知器
5.ABS/ESP控制電腦	14.右前ABS出口閥	23.右後輪煞車分泵
6.回流泵	15.左後ABS進口閥	24.右後車速感知器
7.蓄壓器	16.左後ABS出口閥	25.開關閥
8.緩衝室	17.左前輪煞車分泵	26.高壓閥
9.左前ABS進口閥	18.左前車速感知器	27.CAN資料匯流排

圖 3-44　TCS 液壓管路圖

2.　至引擎管理系統的介面

　　　　與 ABS 相反，EDL、TCS 不但會作動煞車降低輪速，還會降低引擎輸出(亦即車輪的驅動扭力)。為達此目的油門踏板必須以機械方式從節氣門位置脫離。因此可個別從油門踏板位置來調節引擎輸出，有 TCS 的 ABS 系統，使引擎扭力節流的方式有顯著的差異。例如：系統配備輔助節氣門或執行選擇性停止點火。

　　　　採用 CAN 資料匯流排及電子節氣門功能，使其在不用額外組件的情況下，可使用便利介面來影響引擎扭力及轉速。

　　　　在配備TCS的車輛上，用車輪轉速來計算輪速，透過延伸性評估，TCS 軟體會分析下列行駛狀態：

● 計算傳動輪的轉速。

● 從非傳動輪的速度計算車速。

● 透過比較非傳動輪的轉速形成的偵測曲線。

● 從各側傳動輪及非傳動輪的轉速差異計算驅動滑差。

　　　　以此資訊TCS可辨識驅動輪是否有打滑的危險，關於實際引擎扭力的訊號，可由引擎控制電腦額外讀取。TCS以此計算所要採用的量測值在低速範圍時，TCS 通常以煞車介入方式進行調節，進行調節時與 EDL 系統相似有三種方式：「維持壓力」、「降低壓力」、「提升壓力」。在TCS作用的狀況下煞車介入會結合引擎管理系統介入，TCS在所有車速範圍皆會調節，車速達約80Km/h以後會切斷 EDL 調節如圖 3-45 所示。

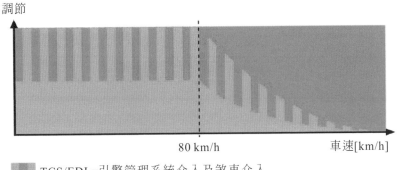

TCS/EDL=引擎管理系統介入及煞車介入

TCS/EDL=煞車介入

TCS=引擎管理系統介入

圖 3-45 TCS 在所有車速範圍皆會調節壓力車速達約 80Km/h 以後會切斷 EDL 調節

　　透過引擎管理系統介入 TCS 使用判定的驅動滑差及實際引擎扭力來計算所需的標準引擎扭力，這會傳送到引擎控制電腦視可用的引擎管理系統而定，引擎控制電腦有下列措施如圖 3-46 所示：

● 藉由調整節氣門來降低引擎扭力。

● 噴射系統控制介入的情況下，藉由止噴射脈衝來降低引擎輸出。

● 點火系統介入的情況下，可停止點火脈衝或將點火正時朝「延遲」
　方向調整。

● 在配備自排變速箱車輛上，TCS 會過換檔抑制來傳送額外的訊號至
　變速箱控制電腦。

CHAPTER

3

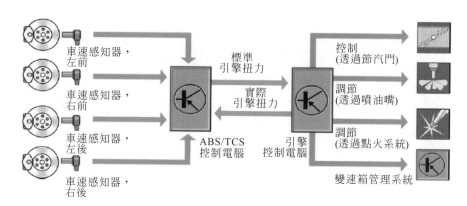

圖 3-46　引擎控制電腦控制情形

3-8.6　電子行車穩定系統(ESP)

現今 ESP 表示「電子行車穩定系統」系統導入後 ESP 表示「電子行車穩定系統」以感知器輔助，電子行車穩定系統(ESP)可於發生危急狀態時進行初期辨識。藉由特殊的個別車輪制動及引擎和變速箱管理系統介入，ESP會以此狀態的反向作動，以維持車輛的穩定性及可轉性。現今 ESP 是最先進的車輪循跡控制系統，它並非獨立的系統；車輪循跡控制系統係已整合 ABS、EBD、CBC、EDL、YMC、TCS 及 EBC，每個次系統皆可獨立或結合作動，ESP 係為其他系統的主控系統。

在車輛動態情況下，電子行車穩定系統(ESP)判定作動時機執行循跡控制系統及控制它們操作的結合。ESP 為永久就緒狀態，車輛危急狀態係以駕駛者指令與實際車輛狀態相較為基礎來辨識，若彼此間有差異存在，ESP會開始介入。視狀態而定，ESP 降低引擎扭力及抑制自排變速箱換檔，然後 ESP 會藉由獨立或一系列的特殊車輪制動來穩定車輛，在轉向不足情況下，會先以引擎管理系統介入；反之，在過度轉向情況下，會先以煞車介入。最後由控制介入直到修正所有車輛不穩定狀態為止(亦即再次達到標準值)藉由獨立的煞車制動，ESP會沿著車輛垂直軸產生搖擺率，此搖擺率會朝車輛移動方向的反向作用，並朝想要的行進方向穩定。因此能有效避免危險的轉向不足或過度轉向，在轉向不足情況下 ESP 會藉由特殊制動內側後輪來避免車輪駛離彎道；在過度轉向情況下，則制動外側車輪如圖 3-47 所示。

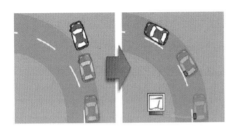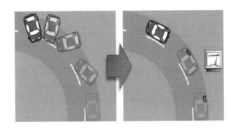

圖 3-47　左圖轉向不足：右圖過度轉向

　　讓我們更近的觀察在閃避期間的車輛狀態，未配備 EPS 的車輛已閃避突然出現的障礙物，首先駕駛者迅速地向左轉，然後立即拉回向右，因為先前的轉向動作，使車輛開始搖晃，且車輛後端會脫離原行駛路線，沿著垂直軸轉動的無法再由駕駛者控制車輛開始打滑如圖 3-48 所示。

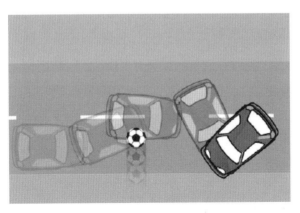

圖 3-48　未配備 ESP 的車輛

　　配備 ESP 的車輛試著閃避障礙物，ESP 辨識車輛向左有轉向不足的危險，會藉由制動左後輪開始協助轉向動作。同時透過CAN資料匯流排引擎管理系統介入以降低驅動力，並透過引擎煞車效果，額外地制動車輛。

　　車輛向左轉時，駕駛者向右轉向，為補償此反向轉向會制動前輪，因為駕駛者想要其原行駛方向，現在必須再次向左轉向，先前的車道變換可能會導致車輛沿著垂直軸搖晃，制動左前輪以避免車輛後端脫離原行駛路線如圖 3-49 所示。

圖 3-49　配備 ESP 的車輛

ESP 系統組件如圖 3-50 所示包含下列：

-ABS/ESP 控制電腦　　　　　　　-液壓單元及電動回流泵

-四個車速感知器　　　　　　　　-TCS 及 ESP 按鈕 -煞車燈開關

-煞車系統警示燈　　　　　　　　-ABS 警示燈

　-ESP 及 TCS 警示燈　　　　　　-ESP 感知器單元及

-方向盤角度傳感器及特定車輛的　-主動式煞車伺服器或

-預充填泵

　　ESP 系統大致上是利用 ABS 及 TCS 組件，控制電腦及相對應的軟體及液壓單元及回流泵可用來調節煞車壓力，液壓單元必須是設計用於4輪TCS。

　　儀錶板警示燈係用來告知駕駛者執行控制介入及 ESP 系統狀態，儀表板中的按鈕係用來解除解除 ESP/TCS 功能作動，在特定車輛上僅可解除 TCS 功能作動，即使解除 ESP 功能作動其餘煞車系統(例如：ABS)會保持作動。

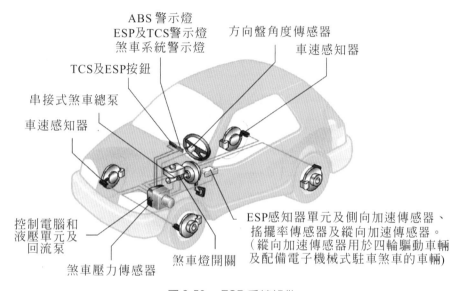

ABS 警示燈
ESP及TCS警示燈
煞車系統警示燈
TCS及ESP按鈕
方向盤角度傳感器
車速感知器
串接式煞車總泵
車速感知器
控制電腦和液壓單元及回流泵
煞車壓力傳感器
煞車燈開關
ESP感知器單元及側向加速傳感器、搖擺率傳感器及縱向加速傳感器。
(縱向加速傳感器用於四輪驅動車輛及配備電子機械式駐車煞車的車輛)

圖 3-50　ESP 系統組件

　　系統的感知器可分為記錄駕駛者的傳感器及感應車輛狀態的傳感器如圖 3-51 所示。

　　駕駛者指令，由下列傳感器紀錄：

-方向排角度傳感器　　-來自引擎控制電腦的資訊

-煞車燈開關　　　　　-煞車踏板開關及煞車壓力傳感器

　　方向盤角度表示駕駛者的方向指令，而煞車踏板作動表示煞車或停車指令，煞車壓力傳感器會額外提供想要的煞車程度資訊。

　　實際車輛狀態，由下列傳感器紀錄：

-四輪上的車速感知器　　　-紀錄縱向及橫向加速的傳感器

CHAPTER

3

-感應搖擺率的傳感器及　　　-紀錄目前煞車壓力的傳感器

-車速感知器訊號係用來判定四輪動立即煞車滑差。

-來自橫向加速傳感器、縱向加速傳感器及搖擺率傳感器的訊號,提供車輛縱向及橫向動態的資訊。煞車壓力傳感器紀錄煞車系統中實際的煞車壓力。

-在配備自排變速箱的車輛上,附有變速箱管理系統的連結,第一:可記錄目前的檔位,第二:在ESP控制介入情況下,變速箱可獨立換檔。

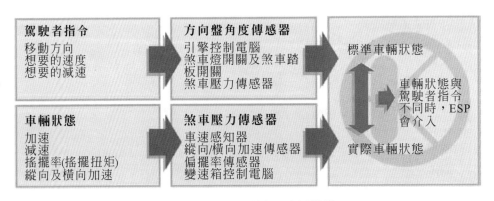

圖 3-51　駕駛者指令及車輛狀態

ABS/ESP控制電腦使用來自駕駛者指令的資料,以計算標準車輛狀態及來自車輛實際移動的實際車輛狀態,ESP 軟體藉由比較這兩個數值來偵測危急的駕駛狀態及採用所需的控制介入如圖 3-52(1)(2)所示。

系統全覽
感知器

作動器

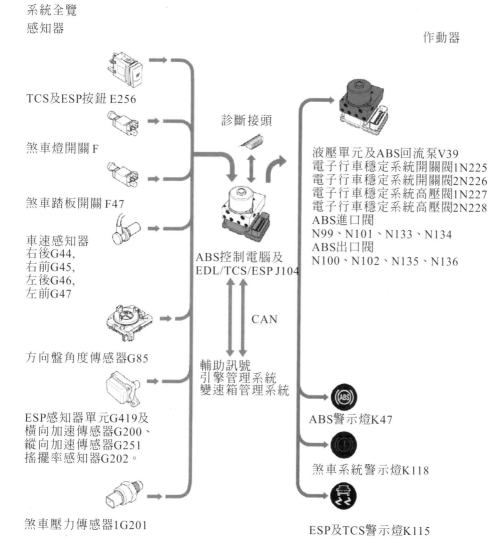

TCS及ESP按鈕 E256

診斷接頭

煞車燈開關 F

煞車踏板開關 F47

車速感知器
右後G44,
右前G45,
左後G46,
左前G47

液壓單元及ABS回流泵V39
電子行車穩定系統開關閥1N225
電子行車穩定系統開關閥2N226
電子行車穩定系統高壓閥1N227
電子行車穩定系統高壓閥2N228
ABS進口閥
N99、N101、N133、N134
ABS出口閥
N100、N102、N135、N136

ABS控制電腦及
EDL/TCS/ESP J104

CAN

方向盤角度傳感器G85

輔助訊號
引擎管理系統
變速箱管理系統

ABS警示燈K47

ESP感知器單元G419及
橫向加速傳感器G200、
縱向加速傳感器G251
搖擺率感知器G202。

煞車系統警示燈K118

煞車壓力傳感器1G201

ESP及TCS警示燈K115

圖 3-52(1)　全系統圖

CHAPTER 3

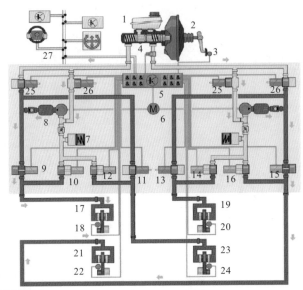

圖例說明

1.油壺
2.煞車伺服器
3.煞車踏板感知器
4.煞車壓力感知器
5.ABS/ESP控制電腦
6.回流泵
7.蓄壓器
8.緩衝室
9.左前ABS進口閥

10.左前ABS出口閥
11.右後ABS進口閥
12.右後ABS出口閥
13.右前ABS進口閥
14.右前ABS出口閥
15.左後ABS進口閥
16.左後ABS出口閥
17.左前輪煞車分泵
18.左前車速感知器

19.右前輪煞車分泵
20.右前車速感知器
21.左後輪煞車分泵
22.左後車速感知器
23.右後輪煞車分泵
24.右後車速感知器
25.開關閥
26.高壓閥
27.CAN資料匯流排

圖 3-52(2)　ESP 液壓管路圖

　ESP 有不同的方式可穩定車輛：

● 透過煞車介入

● 透過引擎管理系統及額外的系統介入

● 透過變速箱管理系統(配備自排變速箱的車輛)及四驅控制系統介入

　　藉由輸入訊號的評估及車輛標準/實際狀態的比較，ABS/ESP控制電腦會記錄不穩定的行駛狀態。在特定的狀態下必須 ESP 的引擎管理系統介入；例如：若駕駛者想要再不穩定的狀態下加速會透過ESP的引擎管理系統介入來避免。

　　ESP 作動指令優先順序高於油門踏板位置，車輛不會加速但 TCS 的精確性會視引擎管理系統的可用性決定，引擎控制電腦有下列措施來降低扭力：

- 藉由調整節氣門
- 藉由停止噴射脈衝
- 藉由停止點火脈衝或調整點火正時
- 藉由抑制換檔程序(用於配備自排變速箱的車輛)

　　煞車介入係在液壓單元中進行調節，透過ESP相對應的EDL或TCS進行液壓調節。調節程序與EDL調節相似，以三種方式藉由將電流供應至相對應的開關及高壓閥和進口閥及出口閥：「提升壓力」、「維持壓力」、「降低壓力」。開關及高壓閥經過改良這也使得TCS有較高的煞車壓力。

　　與TCS相反，主動式煞車壓力提升會終止煞車踏板作動，即使駕駛者作動煞車踏板，ESP 仍會更進一步地增加煞車壓力，藉由回流泵來開始提升煞車壓力，整個ESP介入過程中，會持續檢查輸入訊號並進行相對應的調節，一旦車輛穩定就會終止ESP的介入，駕駛者煞車時液壓單元中的壓力提升，踩下煞車踏板開關閥開且高壓閥關閉，透過開起進口閥可提升車輪煞車的壓力出口閥關閉如 3-53 所示。

CHAPTER

3

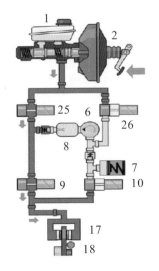

駕駛者煞車
1.油壺
2.煞車伺服器
6.回流泵
7.蓄壓器
8.緩衝室
9.ABS進口閥
10.ABS出口閥
17.煞車分泵
18.車速感知器
25.開關閥
26.高壓閥

圖 3-53　駕駛者煞車或 ESP 煞車時的差異(圖示以單輪煞車為基礎)

在「主動式煞車」情況下，液壓單元中的壓力提升這表示 ESP 特殊制動車輪。不需要駕駛者踩下煞車即可提升煞車壓力，開關閥關閉且高壓閥開啓，回流泵作動然後導入來自煞車總泵煞車油因此制動車輪分泵中的煞車壓力提升如 3-54 所示。

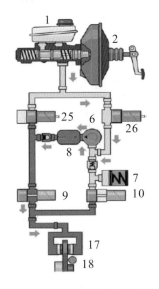

EPS主動式煞車
1.油壺
2.煞車伺服器
6.回流泵
7.蓄壓器
8.緩衝室
9.ABS進口閥
10.ABS出口閥
17.煞車分泵
18.車速感知器
25.開關閥
26.高壓閥

圖 3-54　主動式刹車

■ 3-8.7　液壓煞車輔助系統(HBA)

　　煞車狀態研究指出許多駕駛者煞車過於緩慢，並因此無法利用技術車輛動態來減速。因此煞停距離增加，液壓煞車輔助系統HBA試著在此協助駕駛者，若煞車踏板壓力不足它會辨識危險狀態獨立提升煞車壓力。

　　下列說明 ESP 系統所需的系統；駕駛者受到車輛前端事物的驚嚇而突然煞車，受到驚嚇後，辨識狀態並實際踩下煞車，缺乏經驗的駕駛者通常能在良好的反應時間內煞車但踏板壓力不足。因此無法在系統內提升最大的可用煞車壓力，而增加不必要的煞停距離，所以車輛無法在最佳時機煞停。

　　在相同狀態下配備煞車輔助系統的車輛，經驗不足駕駛者所提供的不足踏板壓力會獲得補償。來自煞車踏板作動的速度及壓力HBA辨識出緊急狀態，歸功於煞車輔助系統，煞車壓力增加直到ABS調節反應為止以避免車輪鎖死。因此可達到最大的煞車效果並顯著地縮短煞停距離如圖 3-55 所示。

未配備煞車輔助系統的煞車操作　　配備煞車輔助系統的煞車操作

圖 3-55　左圖未配備 HBA；右圖配備 HBA

　　液壓煞車輔助系統係為 ESP 系統功能的延伸不需要額外的組件。ABS/ESP 控制電腦係藉由用於煞車輔助系統功能的額外軟體延伸，液壓單元中的煞車壓力傳感器、車速感知器及煞車燈開關供應訊號至煞車輔助系統使其可辨識緊急狀態。

在緊急煞車狀態中會觸發HBA，下列的觸發條件表示緊急煞車狀態。

1. 駕駛者煞車。煞車燈開關傳送煞車已作動的訊號。
2. 車輛以最低車速行駛。車速感知器提供表示車輛行駛速度的訊號。
3. 車速及煞車踏板作動超出煞車輔助系統的作動臨界值。煞車壓力傳感器傳送訊號表示駕駛者作動煞車踏板的速度及力道。

若符合觸發條件且目前的煞車壓力維持低於儲存於控制電腦中的標準值，則系統會個別調節壓力，ABS/ESP 控制電腦作動煞車輔助系統功能並傳送訊號至液壓單元，液壓調節分為三個階段。

第1階段：液壓輔助系統介入開始如圖3-56所示

煞車輔助系統提升煞車壓力由於壓力主動提升，會迅速到達ABS調節限制，而觸發 ABS 調節。

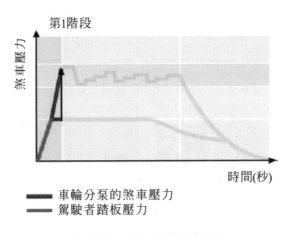

圖 3-56　HBA 系統開始作用

在液壓單元中會關閉開關並開啓高壓閥，回流泵會作動並開始泵油。因此車輪煞車的壓力增加至最大如圖 3-57 所示，超過駕駛指所觸發的煞車壓力，若車輪有鎖死的危險則ABS介入將煞車壓力保持低於鎖死臨界值，調節分為三個階段：「維持壓力」、「降低壓力」、「提升壓力」。

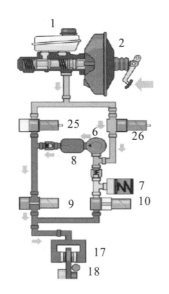

主動提升壓力
1.油壺
2.煞車伺服器
6.回流泵
7.蓄壓器
8.緩衝室
9.ABS進口閥
10.ABS出口閥
17.煞車分泵
18.車速感知器
25.開關閥
26.高壓閥

圖 3-57　主動提升壓力

第 2 階段：ABS 介入如圖 3-58 所示

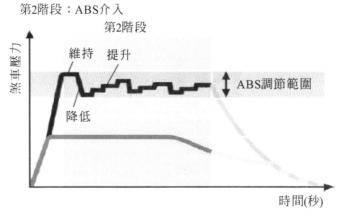

圖 3-58　ABS 開始作用

為要保持車輪煞車管路中的煞車壓力，會關閉進口閥及高壓閥，制動車輪的煞車壓力維持不變，解除回流泵作動如圖 3-59 所示。

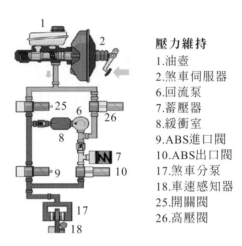

壓力維持
1.油壺
2.煞車伺服器
6.回流泵
7.蓄壓器
8.緩衝室
9.ABS進口閥
10.ABS出口閥
17.煞車分泵
18.車速感知器
25.開關閥
26.高壓閥

圖 3-59　壓力維持不變

為要降低壓力會開啓出口及開關閥，藉由回流泵朝駕駛者踏板壓力反向作動，將煞車油泵回煞車總泵車如圖 3-60 所示。

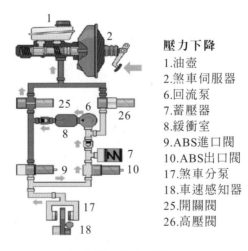

壓力下降
1.油壺
2.煞車伺服器
6.回流泵
7.蓄壓器
8.緩衝室
9.ABS進口閥
10.ABS出口閥
17.煞車分泵
18.車速感知器
25.開關閥
26.高壓閥

圖 3-60　壓力下降

　　為了再次緩慢提升壓力會再次關閉開關及出口閥，並開啓高壓閥，回流泵會作動並開始泵油，以間歇方式開啓即關閉進口閥，並以此緩慢地提升煞車壓力如圖 3-61 所示。

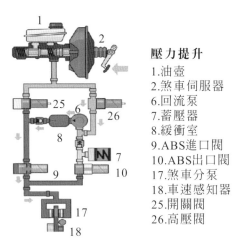

壓力提升
1.油壺
2.煞車伺服器
6.回流泵
7.蓄壓器
8.緩衝室
9.ABS進口閥
10.ABS出口閥
17.煞車分泵
18.車速感知器
25.開關閥
26.高壓閥

圖 3-61　壓力提升

　　若駕駛者降低煞車踏板壓力或從最低車速發生負向偏差則不再考慮HBA的發條件。ABS/ESP控制電腦辨識已避開緊急狀態並開始結束煞車輔助藉由HBA提升的煞車壓力會逐漸地降低直到再次採用駕駛者踏板壓力為止如圖 3-62 所示。

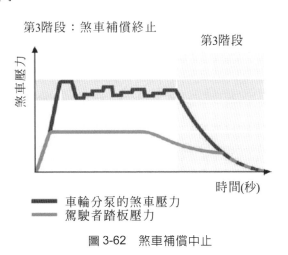

圖 3-62　煞車補償中止

　　就由關閉進口閥即開啓出口閥，煞車油會流入蓄壓器中，其係藉由回流泵朝油壺的方向泵回如圖 3-63 所示。

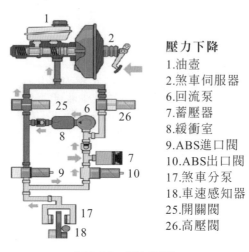

壓力下降
1.油壺
2.煞車伺服器
6.回流泵
7.蓄壓器
8.緩衝室
9.ABS進口閥
10.ABS出口閥
17.煞車分泵
18.車速感知器
25.開關閥
26.高壓閥

圖 3-63　壓力下降

3-8.8　液壓煞車伺服器(HBS)

　　在特定的引擎操作條件(尤其是在冷起動階段)下，供應致煞車伺服器的眞空會不足，液壓煞車伺服器係針對此情況設計。若煞車系統可用的眞空不足，則無法提供煞車伺服器足夠的煞車壓力協助這表示無法達到最佳的煞車效果。

　　液壓煞車伺服器(HBS)可確保因眞空不足所導致的煞車增壓不足，並獲得透過 ESP 回流泵配置的主動壓力提升來補償，HBS 係以 ESP 科技配備爲基礎且不需要額外的組件其係爲 ESP 調節系統的軟體延伸。

　　以來自煞車燈開關及煞車壓力傳感器的資訊爲基礎，系統會辨識是煞車操作作動若駕駛者以特定的強度及速度作動煞車踏板，它會比較測得的煞車壓力數值及實際在系統中發揮效用的數值。煞車伺服器中的眞空感知器確定從引擎致煞車伺服器的眞空供應不足，液壓系統中的煞車壓力會個別提升至所需的數值。在液壓單元中會關閉開關閥並開啓高壓閥，回流泵會作動並開始泵油如圖 3-64 所示。因此車輪煞車的煞車壓力會提升至駕駛指煞車踏板位置相對應的數值與傳統煞車伺服器相較，就煞車踏板所需力道的觀點而言駕駛者不會發現有差異存在。

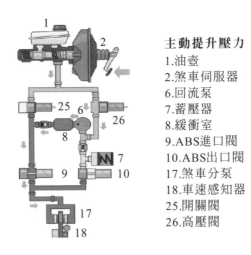

主動提升壓力
1.油壺
2.煞車伺服器
6.回流泵
7.蓄壓器
8.緩衝室
9.ABS進口閥
10.ABS出口閥
17.煞車分泵
18.車速感知器
25.開關閥
26.高壓閥

圖 3-64　HBS 提升壓力

超增壓

在專業書籍中超增壓亦稱之爲煞車力退化補償(FBS)或衰退補償。在危急狀態下駕駛者踩下煞車踏板，直到超過煞車系統規定的壓力臨界值爲止。路面狀況相當良好(亦即有良好的摩擦附著力)時車輪不會開始 ABS 調節。然而因爲駕駛者想要最大減速仍然存在此時超增壓會介入，ESP 感知器會偵測此狀態並額外提升煞車系統中的煞車壓力直到ABS調節開始爲止如圖 3-65 所示。

由於 ESP 調節的關係透過液壓單元中回流泵的作動，四輪的壓力會增加，直到四輪的ABS調節開始爲止。因爲組件防護的關係，會限制最大的系統壓力(例如：使煞車卡鉗開啓)，超增壓亦單純爲ESP系統軟體的延伸。

事實上，超增壓及液壓煞車輔助系統之間的差異在於駕駛者無法查覺超增壓的作動，在危急狀況下駕駛者即能在良好的時機反應及最大的踏板壓力來煞車。

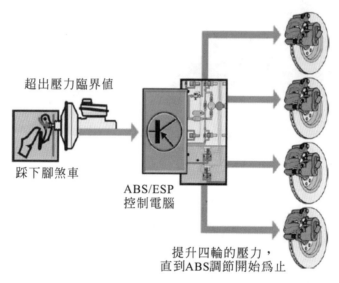

圖 3-65　　提升四輪壓力直到 ABS 調節開始為止

3-8.9　全後軸減速(FRAD)

　　簡單來說，全後軸負載減速(FRAD)係為電子煞車力自動分配系統(EBD)的反向作用。EBD 的目標防止後軸過度煞車，而 FRAD 則是確保後輪煞車壓力增加，以使 ABS 調節在後軸開始作動如圖 3-66 所示。

前軸煞車壓力　　　　　　　後軸煞車壓力提
　　　　　　　　　　　　　升至ABS調節範
　　　　　　　　　　　　　圍中

圖 3-66　FRAD 則可達後軸煞車效果

　　然而，此僅發生在前軸已作動 ABS 調節的情況下。在此情況下不但已達到最佳煞車效果為目標，且必須藉由保持前軸煞車滑差高於後軸來保證車輛穩定性，調節限制係特別為負載車輛所設計。

　　重負載車輛煞車操作期間，具有較高的質量因此也具有較大的慣性所以需要較高的煞車壓力。其目標係使負載車輛所傳送的最大煞車壓力的使用達到最佳化，利用 ABS 控制介入達成此最佳化的煞車效果，若駕駛者踩下煞車最初在前軸開始 ABS 調節此時後軸尚未受到 ABS 介入。由於系統的關係這只會發生在確定車輪有鎖死的危險時。然而由於高負載而使車軸負載加重的關係，會因為後軸附著摩擦力增加而使鎖死效果延遲，並因此有較多的煞車壓力傳送到前軸。因此後輪並不會一開始就達到最大煞車效果，此時全後軸減速開始，並在後軸個別提升煞車壓力以使其可在該處開始 ABS 調節。

　　全後軸減速(FRAD)係單純為 ESP 調節軟體的延伸且不需要額外的組

件。以輸入訊號為基礎，ESP/ABS控制電腦確定ABS介入前軸及駕駛者已以足夠的速度及強度作動煞車踏板。現在後輪的煞車壓力也會個別提升，使其可在該處開始ABS調節，藉由回來泵提升壓力且後軸的兩個進口閥開啟，直到其車速感知器指出後輪有鎖死的危險為止如圖3-67所示。現在一般的ABS調節有幾個方式：「維持壓力」、「降低壓力」、「提升壓力」，以保證在維持車輛動態的可控制性時有最大的煞車效果。

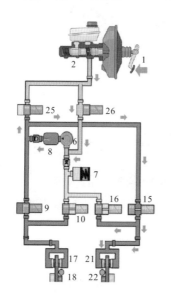

圖例說明
1.踩下腳煞車
2.串接式煞車總泵
6.回流泵
7.蓄壓器
8.緩衝室
9.ABS進口閥
10.ABS出口閥
15.左後ABS進口閥
16.左後ABS出口閥
17.左前輪煞車分泵
18.左前車速感知器
21.左後輪煞車分泵
22.左後車速感知器
25.開關閥
26.高壓閥

圖 3-67　FRAD 系統圖

3-8.10　車輛/拖車穩定系統

　　有拖車的車輛更容易發生車輛危急狀態，即使是經驗豐富的駕駛者，也很難控制蛇行的車輛/拖車組合如圖 3-68 所示。

圖 3-68　側風、車轍、自發性迴避或超速期間的迅速轉向動作

　　因為側風、車轍、在自發性迴避或超速期間的迅速轉向動作的關係，車輛/拖車組合的拖車會開始搖晃，尤其是在有斜坡的小徑上。拖車的擺動動作會傳遞給牽引車，視擺動動作的密集度及拖車的質量而定，牽引車會發生搖擺率及橫向加速度；相反的這些也會影響到拖車。牽引車及拖車之間的相互影響可能會增加，使得整個車輛/拖車組合開始打滑。

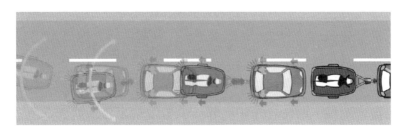

圖 3-69　車輛/拖車組合在牽引車的兩側透過輪流的煞車介入來開始穩定車輛

　　車輛/拖車穩定系統係為ESP調節系統軟體的延伸，用來克服此危險情況。車輛/拖車組合在牽引車的兩側透過輪流的煞車介入來開始穩定，如果這樣還不夠會透過拖車的慣性制動牽引車的四輪及拖車的車輪來達到穩定的目的如 3-69 所示。

　　車輛/拖車穩定系統不需要任何額外的感知器，因為它是ESP功能軟體的延伸它利用 ESP 調節系統的組件。

車輛/拖車穩定系統介入，必須先符合下述先決條件：

- 必須作動 ESP，且其軟體亦作用。
- 車輛/拖車組合必須達到最低車速。
- 在特定車款上，ABS/ESP控制電腦透過拖車搭載插座來偵測拖車。ESP 功能會接收透過 CAN 資料匯流排來自拖車偵測控制電腦關於是否聯結拖車的資訊。

若符合這些先決條件，會作動ABS/ESP控制電腦中與車輛/拖車穩定系統相對應的控制曲線。

拖車的擺動動作導致牽引車發生搖擺率及橫向加速，這些藉由ESP感知器來記錄，並傳送至 ABS/ESP 控制電腦。將接受到的數值(輪速、搖擺率、橫向加速、方向盤角度、煞車作動)與儲存在控制電腦內的標準曲線相較，若超出規定的限制數值，車輛/拖車穩定系統會介入。為要改善震動緩衝及補償搖擺率(搖擺扭矩)，會輪流在兩側制動前軸。因此 ESP 確保擺動動作不會增加且車輛或拖車車軸不會鎖死，如果這樣還不夠，會藉由提升煞車壓力制動四輪，直到拖車不在搖晃為止。煞車介入期間，會亮起煞車燈來警示後方車輛，同時會藉由亮起 ESP 警示燈來告知駕駛者煞車介入。

▣ 3-8.11　翻覆防護(ROP)

翻覆防護(ROP)亦稱之為翻覆保護程式，它會及早反應可能導致車輛翻滾或翻覆的力或扭矩，ROP 系統亦單純為 ESP 控制系統軟體的延伸。

快速過彎時，因為車身質量慣性及輪胎附著摩擦力的關係，會產生沿著車輛縱軸(傾斜扭矩)的扭矩。任何人皆可輕易地觀察到此現象，例如：跟在一台廂型車後方通過彎道，視箱型車的速度、質量及高度而定，車身會朝向彎道外側方向傾斜，因為輪胎有足夠的附著摩擦力，這會形成一個以輪胎與路面接觸點為樞紐的槓桿如圖 3-70 所示。

　　藉由車輛重心的位置來判定槓桿的長度，車輛重心較高，槓桿就會較長，若車輛重心相當高，一個小的側向力作用於槓桿上，就足以產生導致車輛翻覆的力道，可藉由翻覆防護系統在初始階段避免，為達此目的系統使用 ESP 調節系統的感知器。

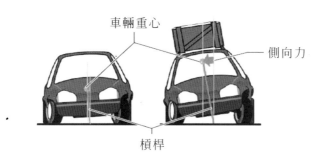

圖 3-70　因車身質量慣性及輪胎附著摩擦力的關係產生沿著車輛縱軸(傾斜)扭矩

　　在箱型車的範例中，快速過彎時橫向或側向力會導致沿著車輛縱軸的扭矩。橫向力會導致車輛有翻覆的危險，藉由 ESP 感知器單元紀錄狀態，並將資訊傳送至 ESP 調節系統。翻覆防護系統(ROP)包含可作動 ESP 調節系統的特性曲線，藉由將接收到的資訊與這些特性曲線相較，來判定車輛是否有翻覆的危險，因為負載增加而有傾斜的危險，特定車輛ROP調節臨界值會視計算出的車重而定。

　　若偵測到危險，翻覆防護控制會介入，藉由作動回流泵即主動式煞車伺服器(若有配備)，可迅速提升車輪的煞車壓力並額外的降低驅動扭力，這會產生抵抗朝外橫向力的搖擺率，如此可避免增加及導致車輛翻覆的力矩如圖 3-71 所示。

　　在某些情況下，駕駛者可能察覺此精確的調節作動，雖然駕駛者可能並未察覺到任何危急狀態車輛防護調節期間，ESP 警示燈會閃爍在特殊操作或行駛狀態下，輔助功能或系統有協助駕駛者的作用，因此會提升乘坐舒適性及車輛安全性，系統平時不會介入只有在危急狀態情況下才會介入，但系統會永久作動且必要時可以解除作動。

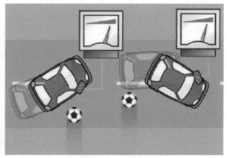

圖 3-71　左圖穩定狀態過彎、右圖 ROP 作用迅速提升外側壓力

■ 3-8.12　陡坡緩降輔助系統(HDC)

　　陡坡緩降輔助系統亦稱之為陡坡緩降控制(HDC)，在陡坡路面上協助駕駛者。在陡坡上根據力的平行四邊形原理，重力也作用於斜面上若質量有作用於下坡的個別驅動力，斜坡會加到此驅動力上。此質量的加速為兩力道的加總因此會持續加速，結論是在此狀態下車輛行駛的下坡路段越長車速會越快如圖 3-72 所示。

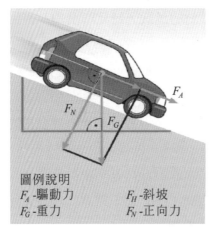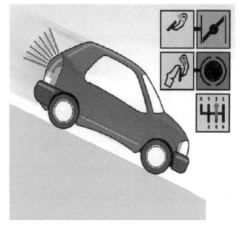

圖例說明
F_A -驅動力　　　　F_H -斜坡
F_G -重力　　　　　F_N -正向力

圖 3-72　左圖力的平行四邊形原理、右圖為配備 HDC 系統

符合下述條件時，陡坡緩降輔助系統會介入：

- 車速低於 20km/h
- 坡度大於 20%
- 引擎運轉
- 未踩下油門及煞車踏板

若符合觸發條件即會作動陡坡緩降輔助系統，以來自油門踏板、引擎轉速及車速感知器的訊號為基礎，車速增加輔助系統會假設車輛行駛於下坡路段且需要煞車介入，系統會以稍高於步行速度的速度作動。

視進入斜坡的速度及檔位而定，四輪會藉由陡坡緩降輔助系統透過煞車介入來維持車速。然後陡坡緩降輔助系統會啟動回流泵，開啟高壓閥及 ABS 進口閥，同時關閉 ABS 出口閥及開關閥如圖 3-73 所示。

現在煞車分泵中的煞車壓力提升且車輛開始煞車，已制動的車輛要維持車速時，陡坡緩降輔助系統會終止煞車介入並再次降低煞車壓力。若在未踩下油門踏板情況下，車速再次增加陡坡緩降輔助系統會再次啟動，因為系統會假定持續於下坡路段，因此車輛會保持在安全的車速範圍內，使駕駛者更容易操控。

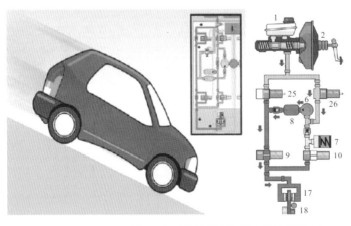

1.油壺
2.煞車伺服器
6.回流泵
7.蓄壓器
8.緩衝室
9.ABS進口閥
10.ABS出口閥
17.煞車分泵
18.車速感知器
25.開關閥
26.高壓閥

圖 3-73　配備 HDC 系統及油壓系統

■ 3-8.13　斜坡起步輔助系統(HHC)

　　若車輛停駐於斜坡上車輛的重力不是作用於水平面上，而是作用於斜面上。根據力的平行四邊形原理，釋放煞車時斜坡上的重力會使車輛滑下斜坡，若車輛再次在上坡路段起步，首先要先克服坡度。若駕駛者加速過小或放開煞車踏板或過早放開手煞車，則驅動力不足以克服坡度阻力。起步時車輛會向後滑移，斜坡起步輔助系統亦稱之為斜坡停駐控制HHC，可減輕駕駛者在此狀態下的負擔。斜坡起步輔助系統係以 ESP 系統為基礎，藉由縱向加速感知器來補強 ESP 感知器單元，其為告知車輛位置的統。在下列情況下會作動斜坡起步輔助系統：

- 車輛靜止。(來自車速感知器的資訊)
- 坡度約大於 5%。(來自 ESP 感知器單元 G419 的資訊)
- 駕駛座車門關閉。(來自便利系統控制電腦的資訊，視車款而定)
- 引擎運轉。(來自引擎控制電腦的資訊)
- 腳踏式駐車作動

　　斜坡起步輔助系統隨時朝上坡起步的方向作動。藉由HCC功能透過倒檔齒合偵測亦支援倒車上坡起步，這可避免在有足夠的斜坡起步驅動力之前，車輛向後滑動。斜坡起步輔助系統的功能，可分為四個階段說明：

　　斜坡起步輔助系統有助於斜坡起步，不需要使用手煞車輔助。因此此功能在起步時會延遲分泵的煞車壓力提升如圖 3-74 所示。

第 1 階段-建立提升壓力

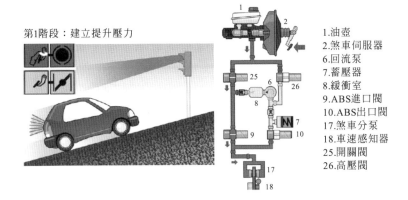

第1階段：建立提升壓力

1.油壺
2.煞車伺服器
6.回流泵
7.蓄壓器
8.緩衝室
9.ABS進口閥
10.ABS出口閥
17.煞車分泵
18.車速感知器
25.開關閥
26.高壓閥

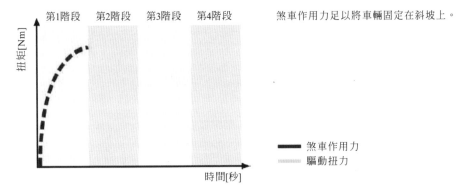

煞車作用力足以將車輛固定在斜坡上。

第1階段　第2階段　第3階段　第4階段

扭矩[Nm]

時間[秒]

━━━　煞車作用力
▪▪▪▪▪▪　驅動扭力

圖 3-74　駕駛者藉由踩下煞車來停止並固定車輛。

第 2 階段-維持壓力

　　車輛靜止，駕駛者為了作動加速而將腳從煞車踏板上移開，不再踩下煞車踏板開關閥關閉，車輪制動壓力維持不變這可避免壓力降低如圖 3-75 所示。

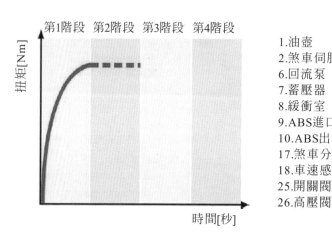

1.油壺
2.煞車伺服器
6.回流泵
7.蓄壓器
8.緩衝室
9.ABS進口閥
10.ABS出口閥
17.煞車分泵
18.車速感知器
25.開關閥
26.高壓閥

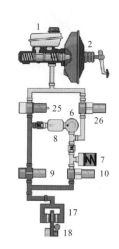

圖 3-75　維持壓力

　　車輛仍為靜止狀態，駕駛者踩下油門踏板如圖 3-76 所示。慢慢開啟開關閥，由於進口閥開啟的關係會降低車輪煞車的壓力。

第 3 階段-釋放壓力

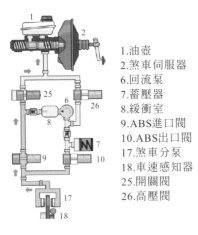

1.油壺
2.煞車伺服器
6.回流泵
7.蓄壓器
8.緩衝室
9.ABS進口閥
10.ABS出口閥
17.煞車分泵
18.車速感知器
25.開關閥
26.高壓閥

第3階段：釋放壓力

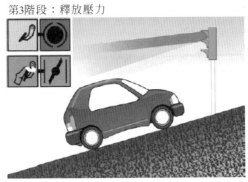

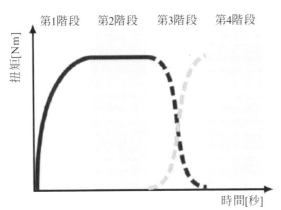

第1階段　第2階段　第3階段　第4階段

扭矩[Nm]

時間[秒]

駕駛者增加驅動扭力時，斜坡起步輔助系統HCC僅會降低適當的煞車壓力，使車輛不會向後滑移，但不會限制到稍後的起步。

━━━ 煞車作用力
⋯⋯⋯ 驅動扭力

圖 3-76　釋放壓力

第 4 階段-降低壓力

　　車輛起步如圖 3-77 所示，驅動扭力夠高可使車輛向前加速，藉由斜坡起步輔助系統將煞車壓力降至零。車輛起步開關閥全開，車輪煞車分泵上沒有煞車壓力如圖 3-77 所示。

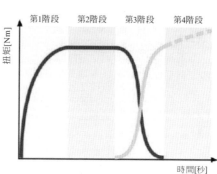

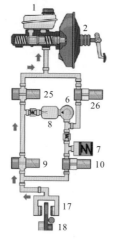

1.油壺
2.煞車伺服器
6.回流泵
7.蓄壓器
8.緩衝室
9.ABS進口閥
10.ABS出口閥
17.煞車分泵
18.車速感知器
25.開關閥
26.高壓閥

圖 3-77　降低壓力

習 題

一、是非題

( ) 1. 汽車行駛速度在 20km/h 以上則無 DLC 儲存。

( ) 2. 煞車總泵儲油室有 Max 與 Min 記號。

( ) 3. 儲油室裝有油面高度感知器，若煞車油面太低則無煞車作用。

( ) 4. DTM1 使用在車輛改變速度時 DTC 會讀出。

( ) 5. 汽車行程在 0km/h ABS 耦合前任何一輪旋轉大約 1.8km/h。

( ) 6. 減壓閥是安全保護作用，其意為後輪煞車油路完全有煞車壓力。

( ) 7. 當 ABS 有作用，出油閥開啓而進油閥關閉則不會影響煞車踏板位置。

( ) 8. 踩煞車則進油閥開啓而出油閥關閉。

( ) 9. 車輪感知器前輪比後輪多 2 齒。

( ) 10. 當車輛每秒旋轉乙圈正常感應出大約 300mv 電壓。

二、選擇題

( ) 1. Tracs 為 ON 時，煞車溫度超過　(A)300℃　(B)350℃　(C)400℃　(D)450℃。

( ) 2. Tracs 為 OFF 時，煞車溫度降至　(A)300℃　(B)350℃　(C)400℃　(D)450℃。

( ) 3. ABS 系統輕微故障，車輛速度超過　(A)10　(B)20　(C)30　(D)40　km/h 則 ABS 系統完全截斷。

( ) 4. 當駕駛者踩下煞車踏板，增壓器增壓比例作用為　(A)2.5：1　(B)3.5：1　(C)4.5：1　(D)5.5：1。

CHAPTER

3

(　)5. 煞車總泵主油路作用於　(A)前輪　(B)後輪　(C)四輪　(D)其他。

(　)6. 當煞車踏板變硬，油壓獲得太高並且防止車輪鎖住　(A)安全閥　(B)溢流閥　(C)減壓閥　(D)出油閥　使後輪油路降低。

(　)7. 旋轉感知器旋轉乙圈產生　(A)DC　(B)AC　(C)VC　(D)GC訊號頻率。

(　)8. (A)Tracs　(B)ABS　(C)DTC　(D)DLC　有作用時任何時間泵浦均在運轉。

(　)9. ABS有作用則控制模組偵測出踏板在　(A)1　(B)2　(C)5　(D)7。

(　)10. 起動後控制模組若無故障發現，則警告指示燈大約　(A)1　(B)2　(C)3　(D)5　秒鐘熄掉。

(　)11. 車輪速度感知器多少數位電流才有反應7或　(A)8　(B)10　(C)12　(D)14　mA。

(　)12. 後輪液壓控制件每輪有2個閥門共　(A)2　(B)4　(C)6　(D)8閥門。

(　)13. 脈衝輪分鐵性及磁性兩種但有幾齒　(A)24　(B)36　(C)48　(D)60　齒。

(　)14. ABS超過幾公里開始作用，而低於此速度車輪被鎖住　(A)6　(B)7　(C)8　(D)9　公里。

(　)15. ABS有四條油路，每個車輪獨立控制但此系統蓄壓器有幾個　(A)1　(B)2　(C)3　(D)4　個。

(　)16. 出油閥(D4)截斷而進油閥(C4)開啟，控制模組感測車輪加速；煞車壓力增加而使車輪煞住，此種現象稱為壓力　(A)維持階段　(B)減弱階段　(C)增加階段　(D)浮動階段。

(　)17. 蓄壓器補償電動泵浦進油邊容量及壓力，完成控制後電動泵浦繼續運轉大約幾秒鐘之後確保蓄壓器空的狀態　(A)1

(B)2　(C)3　(D) 4　秒鐘。

(　) 18. 正常煞車作用期間(ABS 無控制)及分配煞車力於後輪，正常前後輪滑動變化依據煞車力及車輛　(A)負載力　(B)摩擦力　(C)動力　(D)慣力。

(　) 19. 電子煞車力分配(EBD)作用確保後輪速度比前輪速度高於　(A)0-2%　(B)3-4%　(C)5-6%　(D)7-8%。

(　) 20. 當牽引控制作用速度則增加到幾公里，牽引控制類似於電子抑制防滑差速器作用　(A)60Km/h　(B)80Km/h　(C)100Km/h　(D)120Km/h。

(　) 21. 信號控制電動馬達使用一種固定頻率，但是一種不變脈衝寬度，換言之為牽引控制期間響聲變化和　(A)電流　(B)電壓　(C)引擎轉速　(D)點火信號。

(　) 22. STC=牽引控制(TC)加　(A)穩定控制　(B)穩壓控制　(C)穩流控制　(D)操控控制。

(　) 23. STC 最大共同作用取決於環境和　(A)路面　(B)行駛　(C)煞車　(D)牽引狀態。

(　) 24. 煞車操作期間可能因路面抓地力不同，而對車輛垂直軸產生搖擺扭矩，多會使車輛脫離原行駛路線何種功能財部會脫離原路線　(A)EBD　(B)YMC　(C)CBC　(D)EDL

(　) 25. 若車輛後軸鎖死，車輛會不穩定且因失控而脫離原行駛路線，依何種系統控制　(A)EDB　(B)EDL　(C)YMC　(D)CBC　功用為避免危急狀態發生。

(　) 26. (A) EDB　(B)YMC　(C)CBC　(D)EDL　最早是設計來做為起步輔助，若加速時其中一個驅動輪打滑，何種系統會介入車輛動態因此會制動打滑車輪。

(　) 27. EDL最高可在車速　(A)20~40　(B)40~60　(C)60~80　(D)80~120　km/h 時介入，轉彎時亦然。

(　)28.　ABSplus，鬆軟路面上(例如:碎石或砂地)煞停距離最多可縮減
(A)10%　　(B)20%　　(C)30%　　(D)40%。

(　)29.　藉由增加引擎扭力來降低車輛煞車效果，因此　(A)EBC
(B)EDL　　(C)YMC　　(D)CBC 系統可確保車輛的穩定性及可轉
向性。

(　)30.　引擎煞車控制(EBC)的先決條件是必須為引擎介入的 ABS 組
件，　　(A)RPM　　(B)ABS　　(C)以車速感知器　　(D)節氣門位置
及來自引擎管理系統的必要資訊為基礎。

(　)31.　(A)TCS　　(B)EDL　　(C)YMC　　(D)CBC 藉由降低驅動輪打滑，
協助駕駛者在濕滑路面起步或加速。

(　)32.　(A)EDL　　(B)TCS　　(C)YMC　　(D)CBC 在所有車速範圍皆會作
動，車速達約 80km/h 以後會透過引擎和變速箱管理系統的介
入大降低驅動力。

(　)33.　電子行車穩定系統(ESP)可於發生危急狀態時進行初期辨識，
藉由特殊的個別車輪制動及引擎和　　(A)剎車　　(B)差速器
(C)節氣門　　(D)自動變速箱 管理系統介入。

(　)34.　ESP 作動指令優先順序高於　　(A)節氣門　　(B)油門踏板
(C) 自動變速箱　　(D)剎車位置，車輛不會加速但 TCS 的精確
性會視引擎管理系統的可用性決定。

(　)35.　EBD 的目標防止後軸過度煞車，而　　(A)EDL　　(B)YMC
(C)TCS　　(D)FRAD 則是確保後輪煞車壓力增加，以使 ABS 調
節在後軸開始作動。

三、問答題

1.　寫出 DTM4 變速箱有那三種變速。

2.　寫出 Tracs 停止作用時有那些情形產生？

3. ABS 有那三種作用時期。

4. 控制模組依據輸入與輸出訊號控制那些零件作用。

5. 寫出本系統輸入訊號有那些。

6. 寫出車輪感知器有那些作用。

7. 控制模組(control module)使用三種不同款式為何？

8. 說明 ABS 如何控制壓力維持階段現象？

9. 車輛裝有牽引控制(TC)則 ABS 液壓調節器(hydraulic modulator)包含下列那些零件？

10. 說明牽引控制(TC)如何控制？

11. 說明電子煞車力分配(EBD)作用。

12. 循跡控制系統，會以透過液壓煞車系統的煞車介入來抵抗危急狀態控制包括如下？

13. 說明引擎煞車效果會增加，符合下述情況時才會作用？

14. 配備 TCS 的車輛上，用車輪轉速來計算輪速，透過延伸性評估 TCS 軟體會分析下列行駛狀態？

15. 引擎管理系統介入 TCS 使用判定的驅動滑差及實際引擎扭力來計算所需的標準引擎扭力，引擎控制電腦有下列措施？

16. 說明 ESP 系統組件包含下列？

17. 說明駕駛者指令，由下列傳感器紀錄？

18. 說明實際車輛狀態，由下列傳感器紀錄？

19. 在緊急煞車狀態中會觸發 HBA，有下列的觸發條件表示緊急煞車狀態？

20. 說明車輛/拖車穩定系統介入，必須先符合下述先決條件？

21. 說明符合下述條件時，陡坡緩降輔助系統才會作用？

22. 說明下列情況下會作動斜坡起步輔助系統？

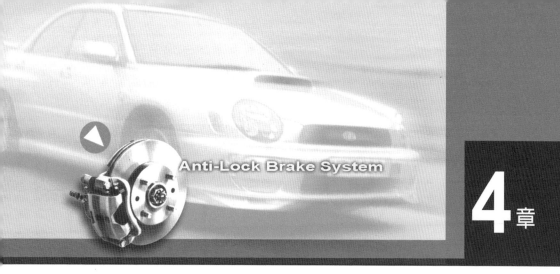

Anti-Lock Brake System

4章

TEVES MARK II 整體式 防鎖定煞車系統

4-1　基本作用原理

　　如圖 4-1 所示，車輪感知器①傳送車輪速度信號至電子控制器(ECU)②。當車輪開始鎖住，電子控制器(ECU)控制電磁閥③作用而使煞車系統壓力改變，達最佳煞車力而不致於造成車輪鎖住。

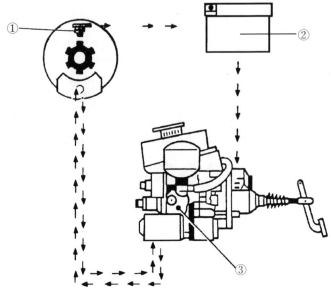

圖 4-1　ABS 系統作用原理

　　ABS 系統控制煞車如圖 4-2 所示，ABS 作用時，煞車壓力(P)增加及快速降低車輪速度(S)至鎖住點。ABS 作用時，預防車輪鎖住有三個控制階段，以每秒鐘接近 6 次的頻率控制電磁閥 ON 或 OFF，使油壓產生以下三種變化：

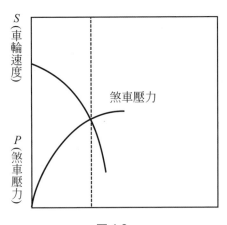

圖 4-2

1.　油壓之維持：

　　　　如圖 4-3 所示，增加煞車壓力，迅速使車輪減速趨於鎖住，ECU關閉入口電磁閥，確保煞車壓力維持等壓。無論如何，若連續減速則壓力必須降低。

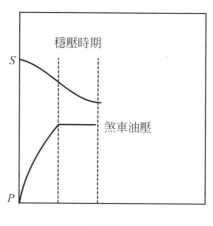

圖 4-3

2.　減壓(如圖 4-4 所示)：

　　　　煞車壓力降低，電子控制器控制出口閥開啟使煞車油流回至儲油室，降低系統壓力使車輪速度增加。

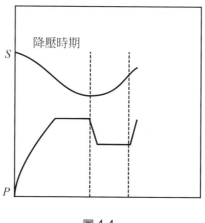

圖 4-4

3. 增壓(如圖4-5所示)：

當車輪速度增加，煞車壓力也須增加，因此完成增壓 ECU 將出油閥關閉，進油閥開啓使系統壓力升高。

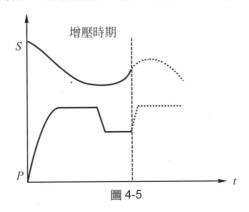

圖 4-5

4-2　各組元件作用原理

圖4-6為油壓組件編號名稱。

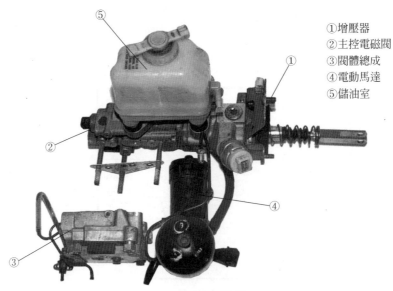

①增壓器
②主控電磁閥
③閥體總成
④電動馬達
⑤儲油室

圖 4-6　油壓機構

◼ 4-2.1　煞車增壓器

煞車增壓器如圖 4-7 所示。

增壓器增加踏板力量，經控制閥由蓄壓器供給其壓力。增壓器壓力與踏板力量成比率；亦即踏板力量低，其系統壓力也低；反之，踏板力量高，其系統壓力也高。

後輪油路壓力由增壓器壓力作用，系統壓力單獨由電動泵浦供給如圖 4-8 所示，液體能量儲存於蓄壓器⑭且由壓力開關⑫控制。

圖 4-7　增壓器

圖 4-8　電動泵浦

■ 4-2.2　電動泵浦和馬達

電動泵浦和馬達如圖 4-9 所示。

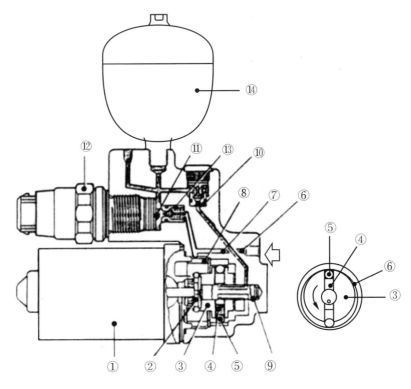

圖 4-9　電動泵浦和馬達

馬達①由接頭②驅動轉子③，由兩個活塞④及兩個鋼珠⑤在偏心環
⑥內迴轉。煞車油從儲油室流至吸入槽⑦經濾網⑧再至控制軸⑨。

控制軸每旋轉乙圈，鋼珠及活塞會產生相對運動，使轉子在偏心環
內迴轉，控制軸與活塞之間容積減少，產生壓力。止回閥⑩開啟使煞車
油泵至蓄壓器⑭及增壓器控制活塞環室。當壓力到達 18 MPA(180 bar)壓
力／警告開關挺桿作動使電動馬達停止運轉。壓力超過 21 MPA(210 bar)
則壓力控制閥⑬開啟旁通槽使煞車油重新流入泵浦內。

■ 4-2.3　蓄壓器

蓄壓器如圖 4-10(a)、(b)所示。

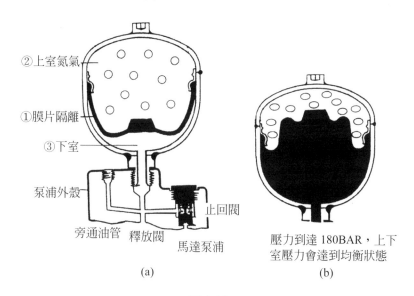

(a)

②上室氮氣

①膜片隔離

③下室

泵浦外殼

止回閥

旁通油管　釋放閥

馬達泵浦

壓力到達 180BAR，上下
室壓力會達到均衡狀態

(b)

圖 4-10

　　液體壓力形成蓄壓能量，此能量作用於增壓器及後輪煞車，此機構
包含煞車油儲油室由膜片①分成兩室，上室充滿氮氣②至 8.4 MPA(84 bar)
壓力，下室③由泵浦供給煞車油。若煞車油量增加，將上室氮氣壓縮，
使系統壓力升高，直到壓力到達 18 MPA(180 bar)左右時，如圖 3-10(b)，
電動泵浦自動切斷煞車油之供應，使上下室壓力達到均衡狀態。

　　蓄壓器功用是儲存動力油壓，必要時會提供煞車機構及後輪油路的
液壓油。踩下踏板作煞車動作時，蓄壓器內的壓力源可以提供 5 至 6 次的
煞車增壓。

CHAPTER

4

◼ 4-2.4　壓力/警告綜合開關

壓力/警告綜合開關如圖 4-11 所示。

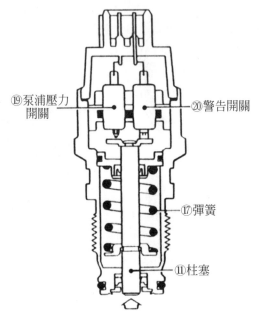

⑲泵浦壓力開關　⑳警告開關　⑰彈簧　⑪柱塞

圖 4-11　綜合開關

　　綜合開關控制電動泵浦ON或OFF，泵浦壓力使挺桿⑪克服壓力開關內之彈簧⑰使開關⑲及⑳作用。

　　綜合開關作用說明如下：

1.　當壓力低於 10.5 MPA(105 bar)以下時——系統有故障時，如馬達損壞或止回閥故障及系統洩漏均會造成系統壓力下降至 105 bar或更低。故油壓作用於柱塞端點的力量很弱，使柱塞受彈簧彈力作用下降更低，因此警告開關接點(Ⅰ)閉合使煞車指示燈亮起，同時接點(Ⅱ)開啟，切斷控制單元電路，使 ABS 指示燈也會點亮，如圖 4-12 所示。

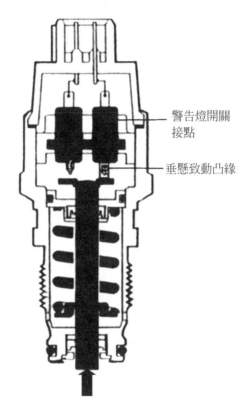

警告燈開關
接點

垂懸致動凸緣

圖 4-12　當壓力低於 105 bar 時，A.B.S 煞車指示燈亮起

2. 當系統壓力低於 18 MPA(180 bar)時──由於油壓低，使彈簧克
   服油壓，柱塞受彈簧彈力向下壓，因此柱塞上端無接觸到綜合開
   關致動銷，故開關接點閉合使泵浦開始運轉直到壓力到達14～18
   MPA(140～180 bar)時，才使電動泵浦停止運轉，如圖 4-13 所
   示，此時爲供油模式。

CHAPTER

4

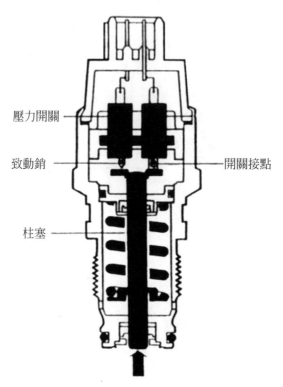

壓力開關

致動銷　　　　　　　　　　　　　　　　開關接點

柱塞

圖 4-13　當系統壓力低於 180 bar 時，馬達會開始運轉，為供油模式

3.　當系統壓力超過 18 MPA(180 bar)時——柱塞端的壓力已足夠克
　　服彈簧彈力，促使柱塞往上移並抵住兩致動點，壓力開關致動銷
　　被推開，關閉泵浦馬達電路，使馬達停止運轉，如圖 4-14 所示，
　　正常作用時，系統壓力會維持在 14～18 MPA(140～180 bar)之間。

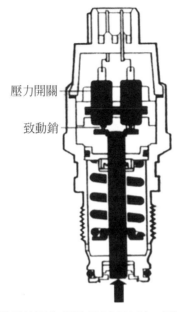

壓力開關

致動銷

圖 4-14　當系統壓力超過 180 MPA 時，馬達停止動作

4-2.5　儲油室

儲油室如圖 4-15 所示。

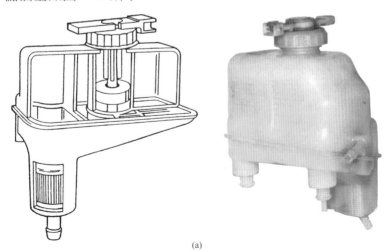

(a)

圖 4-15　儲油壺

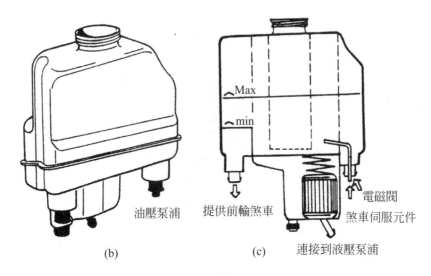

油壓泵浦　　　提供前輪煞車　　　電磁閥
　　　　　　　　　　　　　　　　煞車伺服元件
　　(b)　　　　　　　　(c)　　連接到液壓泵浦

圖 4-15　儲油室(續)

　　儲油室裝於煞車總泵上，並同油管接到泵浦。儲油室外面標示油面高度「MAX」及「MIN」記號。儲油室內分成三個油室。第一油室提供前輪煞車所須煞車油壓。第二油室連接到泵浦，第三室作為電磁閥及煞車元件的回油油室。第二油室內裝有油面高度指示開關且油壺中的濾清器不能更換或分解之。

　　若油面太低使煞車警告燈亮著，油面指示燈由於開關ON而作用。不論前輪或後輪煞車油路漏油，均會使踏板動作改變，若前輪油路洩漏時，則踏板行程會變長。後輪油路洩漏則會使煞車元件油室無油壓出現，因此煞車時駕駛者要增加許多踏板力量。

4-2.6　煞車油面警告接點開關

　　煞車油面警告接點開關如圖 4-16 所示。

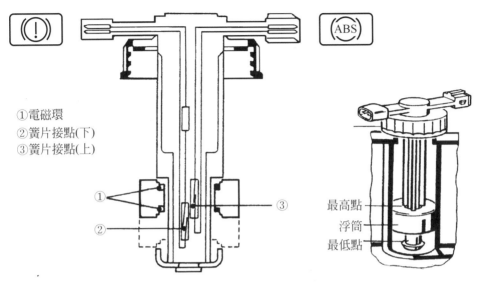

①電磁環
②簧片接點(下)
③簧片接點(上)

圖 4-16　油面警告接點開關

　　油面警告接點開關包含兩組簧片接點，接點受浮筒上的二組電磁環①所控制。油面高度在正常範圍時，浮筒停在最高點，此時控制"煞車"指示燈簧片接點是 open 位置，而控制 ABS 指示燈電路的簧片接點是 close 位置。

　　若煞車油洩漏，較低接點②使煞車警告燈轉變成 ON，當油面有下降更低時，上接點③開啓使電子控制器(ECU)獲得信號，使 ABS 系統失去作用並且 ABS 警告燈會亮起。

■ 4-2.7　電子控制器(ECU)

　　電子控制器(ECU)如圖 4-17 所示。

CHAPTER

4

圖 4-17　電子控制器(ECU)

　　ECU 處理四輪感知器信號，且在 ABS 發生作用時，控制電磁閥及主
控電磁閥。輸入和輸出信號與 ECU 內部資料相比較，以決定輸出何種信
號。若發生故障時，ECU 驅動 ABS 警告指示燈亮起，並且以每秒鐘 6 次
快速循環作用，以確保在任何狀況下，均可獲得最佳煞車效果。

　　換言之，ECU 依照車輪轉速和增減速，將車輪感知器(WSS)的轉速信
號及虛擬車速不斷比較，只要輪速脫離虛擬車速則該輪的油路電磁閥及
主控電磁閥均會作動，並且將輪速控制在正確的曲線上。

　　下列為電子控制器特性：

1. "黑盒子"自然色。

2. 工作電壓為 7～18 V。

3. 金屬製成，密封保護此盒子(電腦)。

4. 連續檢查感知器信號，是否有控制閥或電線故障。

5. 若發生故障，可自動切斷 ABS 作用。

6. 保護反電壓變化及電瓶極性的錯誤。

4-2.8　車輪感知器(WSS)

車輪感知器(WSS)如圖 4-18 所示。

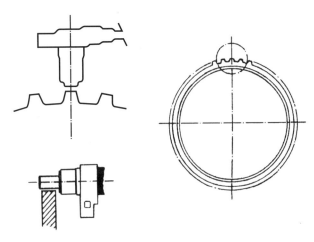

圖 4-18　車輪感知器

當車輛行駛時車輪感知器提供信號至電子控制器並且計算出實際車輪速度。

車輪感知器由永久磁鐵、感應線圈及脈衝齒輪等構成,用導線連接至電子控制器。

當輪胎轉動同時,永久磁鐵的磁力線受脈衝產生器切割,感應線圈會因磁場變化,感應出正弦波的交流電壓,此電壓經導線傳送至控制系統。另外,交流電壓高低及脈衝信號的頻率會隨著輪速和感知器間隙大小而不同變化,通常間隙愈小則電壓值愈高,輪速愈快則頻率也愈快如圖 4-19 所示。

CHAPTER

4

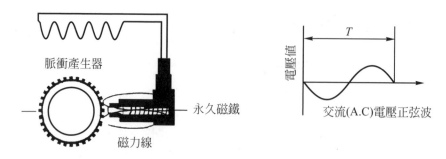

圖 4-19　車輪感知器結構圖

　　此型感知器電阻約為 800～1400 Ω，感知器與齒環之間隙約為 0.6～1 mm(0.024"～0.04")。

4-3　防鎖定煞車系統作用原理

4-3.1　增壓器總成

1.　無煞車作用如圖 4-20 所示為無作用位置(煞車踏板無作用)：

　　　　增壓器包含踏板連接作動活塞①及增壓器活塞②，兩個活塞(①②)與控制閥⑨之間機件連接由剪刀式連桿機構⑩所控制，控制閥開啟增壓器至煞車油儲油室之回油道⑥；同時使蓄壓器⑦至增壓器進油道⑧關閉，維持蓄壓器在 140～180 bar 工作壓力範圍。

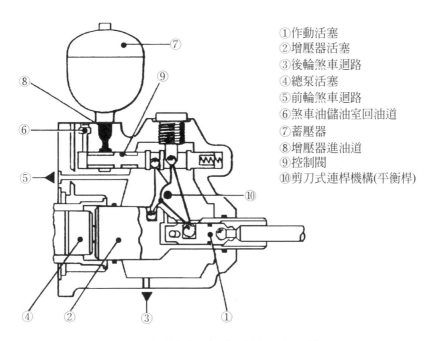

①作動活塞
②增壓器活塞
③後輪煞車迴路
④總泵活塞
⑤前輪煞車迴路
⑥煞車油儲油室回油道
⑦蓄壓器
⑧增壓器進油道
⑨控制閥
⑩剪刀式連桿機構(平衡桿)

圖 4-20　未踩煞車踏板時，增壓器作用情況

2. 輕踩煞車踏板時增壓器作用如圖 4-21 所示：

　　踩下煞車踏板，作動活塞①使剪刀式連桿皆向左邊移動，⑩底部兩球接頭(⑪和⑫)分開距離較原先小，上端兩球接頭(⑬和⑭)之距離反而較原先大。在這種情形之下，控制閥⑨從蓄壓器⑦到增壓器進油道⑧開啟，同時關閉回油道⑥。

　　此時煞車增壓器壓力增大，傳至後輪煞車迴路③並同時作用於增壓器活塞②上。必然增加踏板作用力於總泵活塞④，增加壓力可將增壓器活塞②及作動活塞①分開，同時下端球接頭距離拉長，上端球接頭距離被拉近，結果促使控制閥⑨關閉進油道而回油道保持在關閉位置，亦即控制閥先將進油道開啟而後立即關閉。

CHAPTER

4

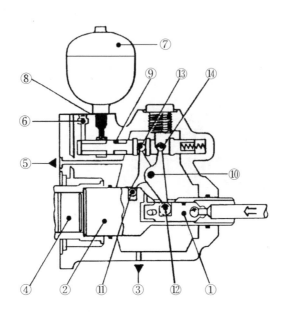

圖 4-21　輕踩煞車踏板時增壓器作用情形(編號名稱參照 4-20 所示)

3. 平衡壓力控制：

　　當作動活塞①產生壓力和預踩踏板力平衡使控制閥⑨關閉，亦即力量平衡。增壓器活塞②周圍壓力增加踏板力為 1：3.5。此數字取決於作動活塞①面積與增壓器活塞②面積之比。

4. 踩住煞車踏板，增壓器作用如圖 4-22 所示：

　　此位置控制閥⑨完全開啟，蓄壓器⑦壓力 14～18 MPA (140～180 bar)作用於增壓器活塞②上，使蓄壓器至增壓器進油道⑧產生最大壓力，並且關閉增壓器至煞車油儲油室的回油道⑥，結果導致增壓器內部壓力上升，促使增壓器活塞②向左邊移動，增加煞車迴路內之油壓，縱然使踏板力量增加，最高油壓也不會超過 18 MPA(180 bar)。

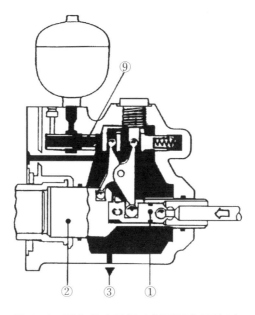

圖 4-22　踩住煞車踏板時增壓器作用情形

4-3.2　煞車總泵

　　如圖 4-23 所示，串聯式總泵，功能只是供應前輪煞車(⑱、⑲)迴路。它有兩組不同設計整體式中央閥⑰，另外，定位缸套⑮及主控閥⑳均裝於總泵內。當煞車踏板無作用時，主控閥⑰開啟，確保煞車油能流入總泵內。反之，踩下煞車踏板時，總泵活塞④左移，使中央閥關閉，因此前輪煞車迴路之油壓升高。

CHAPTER

4

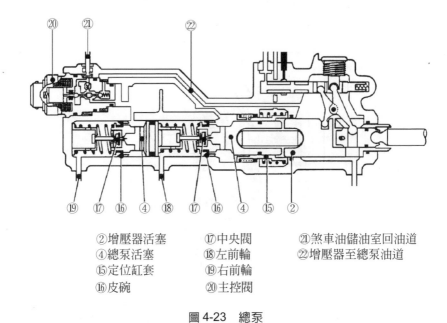

②增壓器活塞　　　⑰中央閥　　　　　㉑煞車油儲油室回油道
④總泵活塞　　　　⑱左前輪　　　　　㉒增壓器至總泵油道
⑮定位缸套　　　　⑲右前輪
⑯皮碗　　　　　　⑳主控閥

圖 4-23　總泵

　　主控閥⑳是一種三條油路電磁閥。當煞車踏板未踩時主控閥將煞車油儲油室與總泵之油道㉑開啟，並且同時將增壓器至總泵油道關閉，此時總泵內之煞車油流回至煞車油儲油室。當 ABS 系統作用，主控閥作動使增壓器油壓流至串聯式總泵，煞車油儲油室至總泵㉑油道被關閉。定位缸套⑮確保煞車油經常在總泵油道內，可保護前輪煞車迴路漏油時的安全設計。

　　注意：後輪煞車壓力由蓄壓器及增壓器控制，亦即由控制閥控制。

1.　踩下煞車踏板，ABS 未作用：

　　　　如圖 4-24 所示，踏板推桿與增壓器活塞②合力將總泵活塞④向左推，關閉中央閥使前輪煞車迴路油升高。

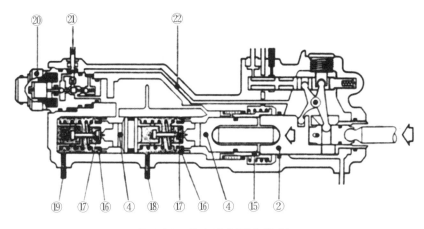

圖 4-24　煞車時 ABS 無作用

　　當增壓器活塞②移向左，定位缸套⑮同時也向左移，主控閥
⑳無作用，故煞車油㉒從增壓器至總泵油道被關閉，定位缸套⑮
向左移動也使油壓降低。

2.　踩下煞車踏板，ABS 發生作用：

　　如圖 4-25 所示，若煞車作用期間一輪或更多車輪有鎖住傾
向時，電子控制器控制主控閥⑳作用，即 ABS 發生作用。它將
總泵至煞車油儲油室㉑之油道關閉，同時開啟增壓器㉒與總泵之
間油道。增壓器壓力作用於定位缸套⑮使它向右移至停止點，並
且推增壓器活塞和踏板一小段距離，同時增壓器高壓油流經煞車
皮碗⑯至總泵內，故兩前輪煞車迴路油壓升高。

CHAPTER

4

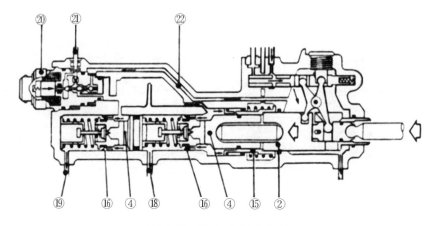

圖 4-25 煞車時 ABS 作用

■ 4-3.3 定位缸套

如圖 4-26 所示，此種型式為防滑式煞車系統的安全特色：當 ABS 發生控制時，若後輪煞車油路漏油則足夠維持總泵行程，定位缸套使 ABS 作用限制煞車行程。

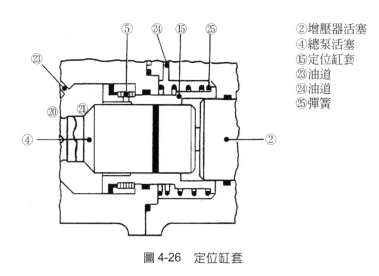

②增壓器活塞
④總泵活塞
⑮定位缸套
㉓油道
㉔油道
㉕彈簧

圖 4-26 定位缸套

1.　未踩煞車踏板時，定位缸套位置：

　　　如圖 4-27 所示，定位缸套⑮置於停止點，左室油道㉓經主控閥通至煞車油儲油室，右室油道㉔直接通至煞車油儲油室。

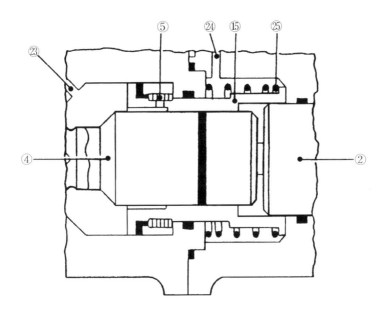

圖 4-27　未踩煞車踏板時，定位缸套位置

2.　煞車時，ABS 未控制的定位缸套位置：

　　　如圖 4-28 所示，當踩下煞車踏板時，增壓器活塞②克服彈簧㉕彈力，且向左推動定位缸套。

3.　在高摩擦係數路面上，ABS 發生作用時，定位缸套位置情形：

　　　如圖 4-29 所示，增壓器油壓力量作用經主控閥⑳使定位缸套⑮向右移至停止點，它向右推動增壓器活塞②使煞車踏板幾乎回彈至最初踏板位置，ABS 發生控制時，駕駛者可感覺出踏板被回彈之動作。

CHAPTER

4

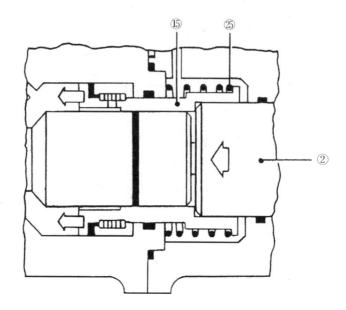

圖 4-28　煞車時，ABS 未控制的定位缸套位置

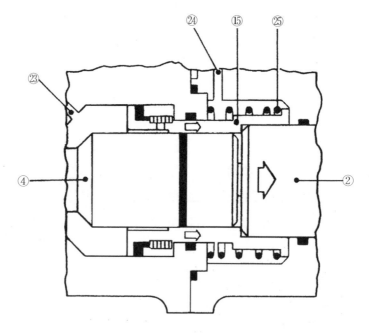

圖 4-29　高摩擦係數路面，ABS 作用時的定位缸套位置

4.　在低摩擦係數路面上，ABS 發生作用時定位缸套位置情形：

　　煞車作用於低摩擦係數路面時，較低煞車力可使車輪鎖住，此時 ABS 開始發生作用；增壓器活塞②和煞車踏板及定位缸套⑮等零件逐漸向右移動至定位缸套死點位置。因此踏板可能輕微向上或向下移動，無法感覺出踏板有被推回。

4-3.4　閥體總成

　　如圖 4-30 所示，閥體總成由 6 個電磁閥組成，閥體包括三組進油閥①和三組出油閥②，ABS 發生作用時，各電磁閥作動，各輪單獨煞車迴路油壓受到自動調整，不致使各輪完全被鎖住。

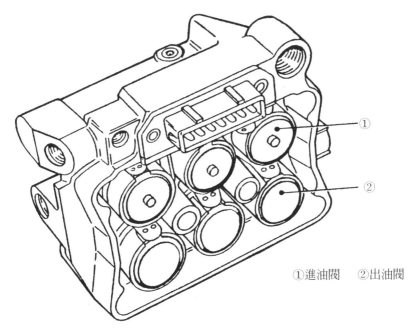

①進油閥　　②出油閥

圖 4-30　閥體總成

CHAPTER

4

1. ABS系統未作用，電磁閥操作情形：

　　如圖4-31所示，電磁閥組一條控制油路，當無電流作用，進油閥開啓，故壓力直接作用於煞車分泵⑤。另外，出油閥②關閉，從煞車油管至煞車油儲油室④通道關閉。

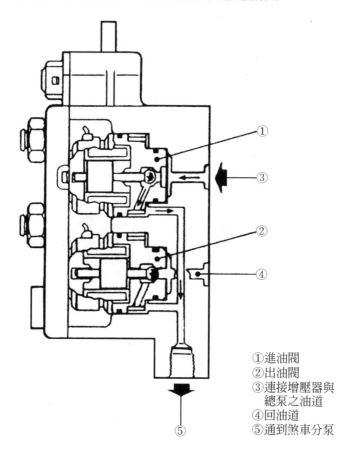

①進油閥
②出油閥
③連接增壓器與
　總泵之油道
④回油道
⑤通到煞車分泵

圖 4-31　ABS 未作用，閥作用情形

　　注意：當ABS作用時電磁閥才有控制。

2. ABS系統發生作用時，各油閥作用情形：

　　當ABS作用時產生下列三個階段：

(1)　維持一定壓力階段：

　　　　如圖 4-32 所示，此階段車輪趨於鎖住時，進油電磁閥①通電
嚙合，結果使進油閥及出油閥均關閉，故煞車迴路無法增加壓力。

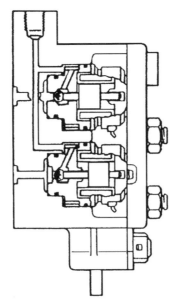

圖 4-32　進油閥與出油閥均關閉

(2)　減壓階段：

　　　　如圖 4-33 所示，此階段進油閥仍然被關閉，同時出油閥通
電嚙合並且開啟，煞車油從被鎖住車輪迴路經出油道流回至煞車
油儲油室④(故兩閥均嚙合，進油閥關，出油閥開)。

(3)　增壓階段：

　　　　如圖 4-34 所示，此階段進油閥①開啟，出油閥關閉，煞車
油壓增加直到完全車輪被鎖住極限。

　　　　若車輪打滑率約 10～30%左右，此時兩電磁閥皆未被通電嚙
合(兩閥均分開)。

CHAPTER

4

　　ABS 發生作用時，重覆三階段(維持一定油壓、減壓、增壓)改變油壓，每秒鐘約有 12 次之油壓變化，直到車速約低於 5 km/h 時為止。

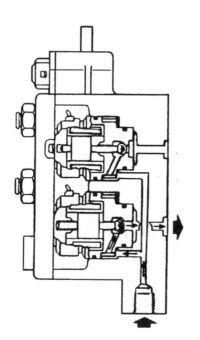

圖 4-33　進油閥關，出油閥開

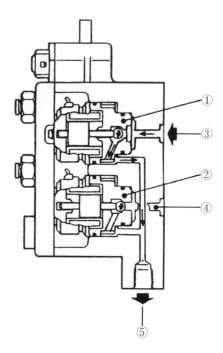

圖 4-34　進油閥與出油閥均開啟

■ 4-3.5　ABS 系統線路圖

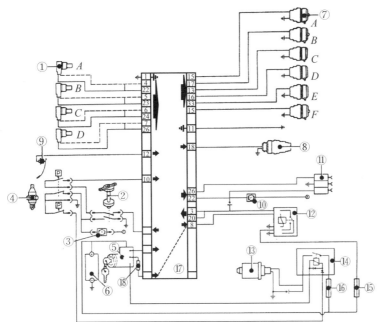

① A：後右感知器　B：左前感知器
　　C：後左感知器　D：右前感知器
②油面警告指示燈
③煞車警告燈
④壓力警告燈
⑤點火開關
⑥電瓶
⑦A：前進油閥，左　B：後進油閥
　　C：前出油閥，右　D：前出油閥，左
　　E：後出油閥　　　F：前進油閥，右
⑧主控閥
⑨煞車燈開關
⑩ABS 警告燈
⑪測試
⑫主繼電器
⑬馬達泵浦
⑭馬達繼電器
⑮保險絲 30A
⑯保險絲 (30A)馬達泵浦浦
⑰電子控制件(電腦)
⑱小保險絲 (3A)

腳 1 ECU 搭鐵
腳 2 接供應電源
腳 3/20 從主繼電器(12)接供應電源
腳 4/22 車輪感知器接收實際車輪速度，(後右)
腳 5/23 車輪感知器接收實際車輪速度，(前左)
腳 6/24 車輪感知器接收實際車輪速度，(後左)
腳 7/25 車輪感知器接收實際車輪速度，(前右)
腳 8 當接點 ON，經主繼電器接供應電源
腳 9 從油面警告指示器接收信號
腳 10 從壓力警告開關接收信號
腳 11 與閥接地 2 間連接
腳 12 從煞車燈關接收信號
腳 15 送出信號至前進油閥(右)
腳 16 送出信號至前進油閥(左)
腳 17 送出信號至後進油閥
腳 18 送出信號至主控閥
腳 19 從電源開關接收電瓶電源
腳 26 送出信號至裝有診斷測試
腳 27 送出信號至裝有診斷測試
腳 33 送出信號至後出油閥
腳 34 送出信號至後出油閥(右)
腳 35 送出信號至後出油閥(左)

圖 4-35　線路圖

習　題

一、是非題

( )1.　一般傳統煞車系統為雙迴路交叉型油壓煞車。

( )2.　防止車輪鎖住煞車系統俗稱 ABS 系統。

( )3.　ABS 系統，若車輪鎖住，油壓控制件之電磁閥作用，因而改變系統壓力。

( )4.　若增加煞車壓力，突然車輪減速至鎖住，ECU 將出油閥關閉。

( )5.　系統液體壓力單獨由蓄壓器供用。

( )6.　蓄壓器上室充填煞車油，下室充填氮氣。

( )7.　ABS 系統警告開關控制電動泵浦 ON 或 OFF 作用。

( )8.　後輪煞車壓力由蓄壓器供應，由增壓器所控制。

( )9.　ABS 系統後輪煞車裝有比例閥，而兩前輪也有安裝。

( )10.　閥體總成由 2 個電磁閥所組成。

( )11.　閥體總成包括進油閥及出油閥，組成一組電磁閥。

( )12.　當 ABS 系統作用時，電磁閥無作動。

( )13.　ECU 處理四輪感知器信號及 ABS 作用時，控制電磁閥及主控閥。

( )14.　當車輪行駛，感知器輸出信號至電子控制器且能計算實際車輪速度。

( )15.　蓄壓器壓力為 140～180 bar 間。

二、選擇題

( )1.　ABS系統油壓作用有感知器和電子控制器及　(A)煞車總泵　(B)分泵　(C)警告指示燈　(D)電動馬達。

(　)2. ABS 車輪感知器產生信號送至　(A)繼電器　(B)電子控制器　(C)警告指示燈　(D)壓力調整器。

(　)3. 車輛 ABS 作用時，防止車輪鎖住，每秒鐘油壓變化大約幾次　(A)3　(B)4〜5　(C)6〜12　(D)15　次以上。

(　)4. 當車輪速度增加，要使煞車壓力升高必須關閉出油閥而開啓　(A)蓄壓器　(B)總泵出油口　(C)進油閥　(D)增壓器。

(　)5. 當蓄壓器壓力到達多少時才能電動泵浦停止運轉　(A)10 MAP (100 bar)　(B)12 MAP(120 bar)　(C)16 MAP(160 bar)　(D)18 MAP (180 bar)。

(　)6. ABS 系統之蓄壓器上室充塡　(A)氮氣　(B)氧氣　(C)煞車油　(D)空氣。

(　)7. ABS 系統之蓄壓器下室充塡　(A)氮氣　(B)氧氣　(C)煞車油　(D)空氣。

(　)8. ABS系統之蓄壓器作用壓力爲　(A)50〜100　(B)100〜120　(C)140〜180　(D)180〜200　bar。

(　)9. ABS後輪煞車壓力由蓄壓器及增壓器控制，亦即由　(A)ECU　(B)控制閥　(C)總泵　(D)分泵　所控制。

(　)10. 當 ABS 系統作用時，若後輪迴路漏油，能維持足夠總泵行程及由什麼限制踏板行程　(A)增壓器　(B)蓄壓器　(C)定位缸套(D)主控閥。

(　)11. ABS 系統之閥體總成由　(A)1　(B)2　(C)4　(D)6　個電磁閥組成。

(　)12. ABS 系統直到車速約低於多少時才停止作用　(A)5　(B)10　(C)15　(D)20　km/h。

(　)13. ABS 系統作用時，ECU 控制電磁閥及　(A)增壓器　(B)蓄壓器　(C)主控閥　(D)感知器。

三、問答題

1. 說明本章 ABS 組成元件有哪些？

2. 敘述綜合開關作用情形。

3. 說明防鎖定有哪三個控制階段。

4. 敘述 ABS 作用時，閥體總成產生三個階段作用？

5. 試說明煞車儲油室各油室的功用。

6. 試說明煞車油面警告接點開關的作用。

7. 試說明車輪感知器作用原理。

8. 試說明定位缸套作用原理。

9. 試說明 ABS 煞車總泵作用原理。

10. 寫出 ABS 之電子控制器特性為何？

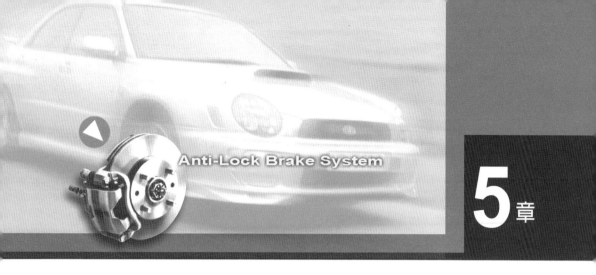

TEVES MARK IV
防鎖定煞車系統

5-1　MARK IV 防鎖定煞車系統之零組件

下列為 MARK IV 防鎖定煞車系統主要零組件，如圖 5-1 所示。

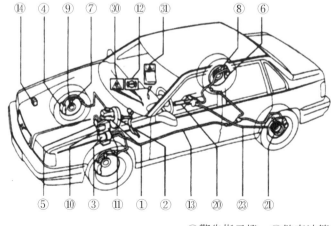

①雙迴路煞車總泵包含儲
　油室及油面指示開關
②煞車增壓器
③油壓控制模組或稱
　油壓調節器
④前煞車鉗夾器
⑤減壓閥
⑥後煞車鉗夾器
⑦前輪感知器
⑧後輪感知器
⑨脈衝齒輪
⑩複合繼電器
⑪控制模組
⑫警告指示燈　⑬煞車油管　⑭故障診斷接頭
⑳手煞車拉桿　㉑煞車蹄片　㉓手煞車鋼索線

圖 5-1　防鎖定煞車系統主要零組件

■ 5-1.1　煞車增壓器、總泵及減壓閥

如圖 5-2 所示。

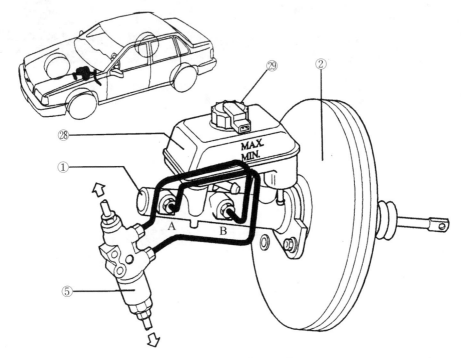

圖 5-2　增壓器、總泵及減壓閥

　　煞車總泵①有兩條油路，第二條油路(A)作用於後輪，同時第一條油路(B)作用於前輪。煞車儲油室㉘有一個油面指示開關㉙可使警告指示燈亮著，表示煞車油面已過低。

　　減壓閥⑤裝於煞車總泵與油壓控制模組間，一條連接至煞車油路，另一條油路獨立連接至 ABS 系統。當正常煞車作用，後輪油壓太高時，減壓閥降壓並且維持較高煞車力於後輪，同時也降低前輪負荷，防止車輪磨耗。

　　減壓閥內部有一個安全作用設計，若前輪油路發生洩漏，能防止後輪油壓降低，確保正確油壓作用於後輪煞車。

5-1.2　油壓控制模組

　　油壓控制模組，俗稱油壓調節器如圖 5-3 所示。

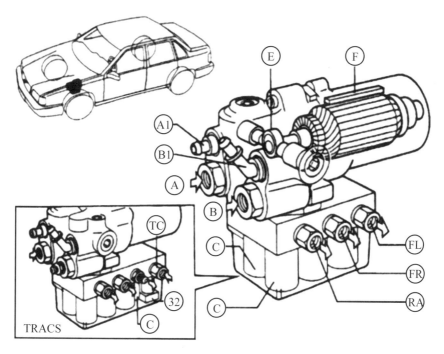

圖 5-3　油壓控制模組

　　油壓控制模組有三條不同管路：左前輪(FL)、右前輪(FR)及後輪(RA)共同油路。當 ABS 作用時，若兩獨立前輪或後輪開始有趨於鎖住的傾向時，系統油壓產生變化，防止任何車輪鎖住。

　　ABS 油壓控制模組有 6 個閥，每個獨立前輪有 2 個閥及後輪同時也裝 2 個閥，此系統有兩種不同型式電磁閥：

　　第一種型式(C)為常開式電磁閥，第二種型式(D)為常閉式電磁閥。

　　常開式電磁閥平時維持煞車油路進油暢通，而常閉式電磁閥有一個回油閥裝於煞車鉗夾器與儲油筒之間。

　　回油管(A1)及(B1)連接至儲油室，油壓控制模組包含一個電動泵浦(E)。此泵浦是一種裝有旋轉感知器馬達(F)能將信號輸送至控制模組，確保電動泵浦運轉。

5-1.3　輪煞車及手煞車

　　如圖 5-4 所示。

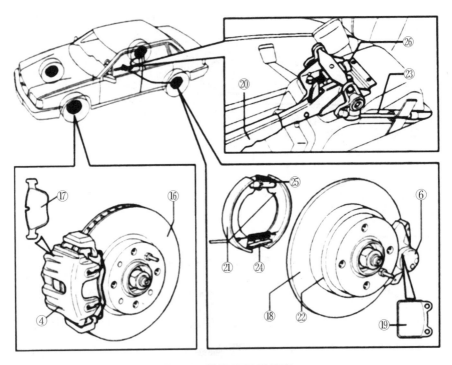

圖 5-4　輪煞車及手煞車

　　前輪煞車包含通風式圓盤碟式煞車⑯、滑動式鉗夾器④及煞車塊⑰，能確保長久煞車效率，防止煞車失效。後輪煞車爲整體式圓盤⑱特殊設計，有雙活塞鉗夾器⑥和煞車塊⑲。

　　手煞車拉桿⑳作用於煞車蹄片，煞車鼓㉒設計於整體後輪圓盤碟煞上⑱。手煞車調整利用調整螺絲㉕使煞車蹄片接觸於煞車鼓。

　　手煞車鋼索線調整利用手煞車拉桿鋼索線支架的調整螺絲㉖調整。

5-1.4　電路系統

　　如圖 5-5 所示。

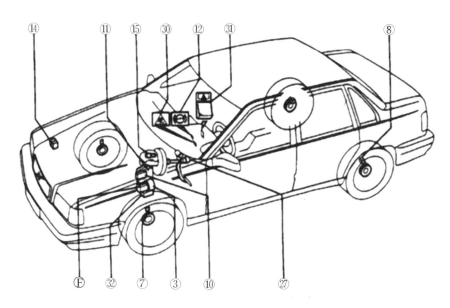

圖 5-5　電路系統

- 車輪感知器⑦⑧
- 輸出車輪旋轉信號至控制模組⑪
- 煞車燈導通㉗，輸出煞車信號至控制模組
- 踏板感知器⑮輸出踏板位移信號至控制模組

- 控制模組⑪從感知器接收信號，控制電磁閥及電動馬達作用，使煞車作用適時反應。另外，監控及偵測煞車系統故障。
- 警告指示燈⑫，若ABS系統故障，警告指示燈亮著。
- 診斷輸出接頭⑭，可讀出任何儲存故障碼(DTC)。
- 旋轉感知器(F)，電動馬達運轉時，將信號輸送至控制模組。
- 複合繼電器⑩，電源供應至油壓控制模組電磁閥及從控制模組⑪起動電動泵浦信號。

5-1.5　車輪感知器及踏板感知器

如圖5-6所示。

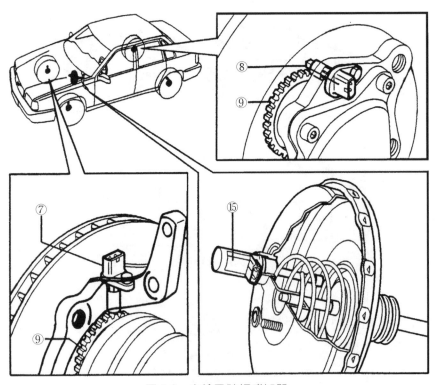

圖5-6　車輪及踏板感知器

　　控制模組連續從前輪⑦及後輪感知器⑧接受速度信號，因輪轂處裝有脈衝齒輪⑨可感應出數據，每個脈衝齒輪為 48 齒，所感應出之電流經感知器，再將信號輸送至控制模組。

　　控制模組從各感知器作信號比較，判別煞車期間是否有任何一輪趨於鎖住。

　　踏板感知器⑮裝於煞車增壓器處，將踏板位移信號輸送至控制模組。有任何油壓系統故障或踏板行程過大，油壓控制模組將電動泵浦運轉或停止信號輸入控制模組，且不影響電磁閥作用。

5-2　ABS 系統作用

1.　系統說明如圖 5-7 所示。

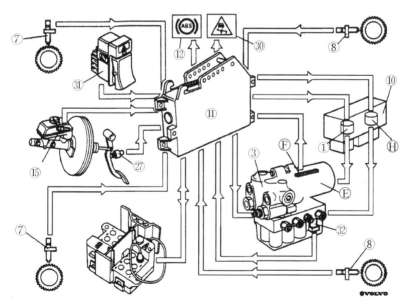

圖 5-7　ABS 系統圖

　　當控制模組(control module)⑪使警告指示燈⑫、㉚作用及作內部測試確保無故障存在。同時複合繼電器 ⑩內的主繼電器 (H)作動並且供應電力給油壓調節器③電磁閥。控制模組按順序檢測電磁閥作用，引擎發動後若無故障時，警告指示燈應在2秒後熄滅。

　　當車子行駛時，控制模組從車輪感知器⑦⑧接受信號，若車速為 20 mph = 30 km/h 時，電動泵浦繼電器(I)作用使泵浦 (E) 運轉，並且由旋轉感知器(F)信號輸送至控制模組。

　　當車輛行駛控制模組監測車輪速度，並且計算車輪加速或減速。煞車時煞車燈開關㉗導通，將信號輸送至控制模組內的儲備模式中，若有任何車輪開始鎖住，則控制模組使油壓電磁閥作用，防止車輪鎖住。

　　煞車時控制模組從踏板感知器⑮接受踏板信號。並且控制油壓控制模組(油壓調節器)。

2.　ABS 控制：

　　如圖 5-8 所示，ABS 系統如何作用，防止車輪鎖住：

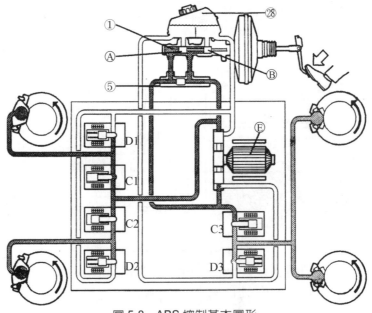

圖 5-8　ABS 控制基本圖形

　　煞車總泵①主活塞(B)輸出油壓經減壓閥(5)至前輪油路。右前輪無鎖住時進油閥(C1)開啟而回油閥(D1)為關閉，煞車總泵輸出油壓至煞車鉗夾器。

　　換言之，左前輪趨於鎖住，控制模關閉進油閥(C2)，同時回油閥(D2)也保持關閉，故總泵無法增加更高壓力，有效防止車輪鎖住。實際上，ABS 控制時間相當短暫。

　　煞車總泵①第二活塞(A)輸出油壓經減壓閥⑤至後輪油路，若有後輪趨於鎖住則控制模組關閉進油閥(C3)，無足夠壓力鎖住車輪並且延遲後輪油路增壓，使回油閥(D3)開啟，後輪煞車油流回總泵儲油室㉘，因此後輪油壓及制動力降低增加轉速。若車輪轉速增加，再次運轉電動泵浦(E)且回油閥(D3)關閉，進油閥(C3)開啟使後輪煞車油路再次增加油壓，產生足夠煞車制動力。

　　電動泵浦運轉從總泵儲油室㉘泵出煞車油至煞車油路壓力側。

　　只要車輪鎖住超過時間及制動力消失後，電動泵浦運轉或停止重複此過程，且電磁閥開啟或關閉使系統油壓產生變化，駕駛者在煞車踏板上也會感覺輕微移動。

3. TRACS 控制：

　　車輪裝有 TRACS，額外零件安裝於油壓調節器：超速電磁閥(G)，壓力開關㉜及減壓閥(j)。

　　如圖 5-9 所示為 TRACS 作用情形：

CHAPTER

5

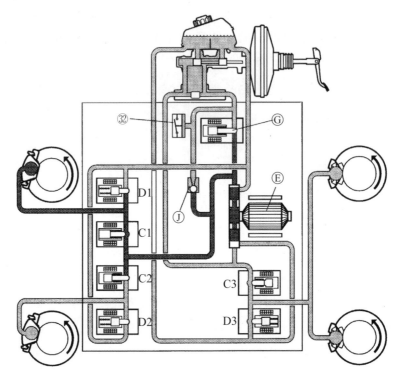

圖 5-9　TRACS 基本圖形

　　當車輛右前輪開始旋轉時由車輪感知器偵測出，控制模組截斷煞車總泵主油路及油壓調節器泵浦電磁閥(G)之間油路。進油閥(C2)至左前輪關閉，同時油壓泵浦(E)開始運轉。

　　電動泵浦油壓到達右前輪及煞住，且與左輪轉速相同。若右前輪制動力太高，進油閥(C1)關閉，回油閥(D1)開啟而調整系統油壓。若制動力需增加時，回油閥(D1)再度關閉，進油閥(C1)重新開啟。

　　電動泵浦運轉所泵煞車油比正常煞車所需用油多，需藉助壓力減壓閥(j)開啟使額外煞車油經總泵流回儲油室內。

　　　　當無壓力到達左前輪，它的進油閥(C2)關閉。後輪煞車不會受影響，煞車油僅向後流經總泵儲油室。

　　　　若車子煞住同時 TRACS 作用使壓力開關㉜切斷控制模組油路，電動泵浦立即停止運轉，電磁閥(G)開啓並與另外組件進行煞車模式控制。

　　　　TRACS作用期間，電動泵浦運轉時間要配合TRACS作用時間，油壓控制模組作動聲與 ABS 控制不同。

4.　車上診斷系統(OBD 系統)如圖 5-10 所示：

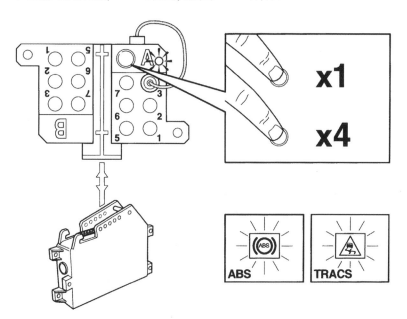

圖 5-10　診斷系統(OBD 系統)

　　　　控制模組裝有故障測試模式(DTM)，使用功能 1 及 4 配合診斷輸出 A 位置 3，即可進行車上作測試。

CHAPTER

5

　　若控制模組偵測系統有故障則一個或兩個警告指示燈會亮著，同時故障碼(DTC)被儲存，當故障追蹤時可從診斷輸出接頭讀出故障碼。嚴重故障時，控制模組完全或部分(低速)分開ABS系統。短暫故障偵測後，ABS系統恢復正常作用之前，點火開關必須關掉。

　　功能 1(OBD)系統能閃出 36 種不同故障碼，車上診斷系統(OBD)能同時儲存 10 種故障碼(DTC)。

　　控制模組依故障嚴重性區分或儲存故障碼(DTC)，系統嚴重故障有一個 "4" 數字，輕微故障有較低數字。一般嚴重故障時警告指示燈亮著及 ABS 系統完全分離，同時只有部分影響系統時警告指示燈亮著，同時只有某些功能分離。輕微故障時只有警告指示燈亮著。

　　功能 4 改變故障碼傳遞速率。

Wiring diagram

Component list-ABS Braking system and TRACS

1/1	電瓶
2/30	超負荷繼電器X₊
2/31	超負荷繼電器15₊
2/42	複合繼電器
3/1	點火開關
3/6	危險燈，開關
3/9	煞車燈接觸
3/95	TRACS 開關
4/4	電阻器
4/16	控制模組
5/1	儀表
7/4	油面開關
7/31	左前輪感知器
7/32	右前輪感知器
7/56	左後輪感知器
7/57	右後輪感知器
7/58	踏板感知器
8/15	油壓控制模組
10/82	ABS 警告指示燈
10/84	煞車警告指示燈
10/107	TRACS 警告指示燈
11/1-40	保險絲
17/7	診斷輸出 A 接頭
23/200	分叉點151₊
23/201	煞車燈分叉點
23/203	31/50 搭鐵分叉點
23/300	電阻分叉點
23/301	儀表板燈分叉點
24/2	53 腳接頭
24/4	53 腳接頭
24/13	53 腳接頭
24/19	4 腳接頭
31/44	搭鐵點
31/50	搭鐵點
C/ED	ABS 15 腳接頭

CHAPTER

5

ABS Braking system and TRACS

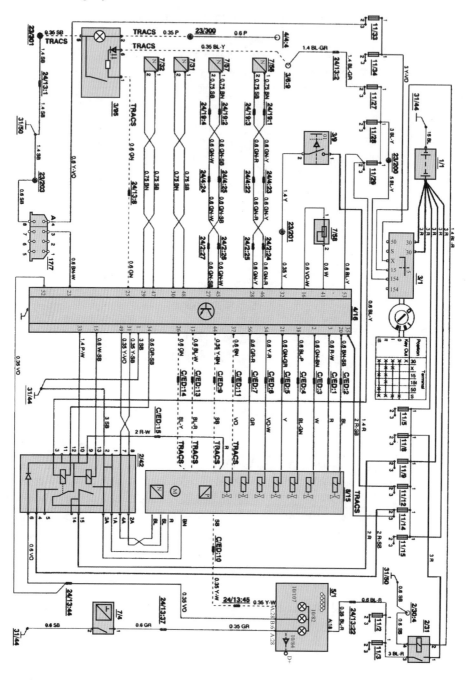

習　題

一、是非題

(　) 1. 煞車儲油室油面指示開關使警告指示燈亮著，表示儲油室油平面正常。

(　) 2. 當正常煞車時，後輪油壓太高由減壓閥降壓且維持較高制動力。

(　) 3. ABS 油壓控制模組共有 6 個電磁閥，前輪共有 2 個電磁閥，而後輪個別使用 2 個電磁閥。

(　) 4. 常開式電磁閥有一個回油閥裝於鉗夾器與儲油室之間。

(　) 5. 電動泵浦內裝有旋轉感知器能將信號輸送至控制模組。

(　) 6. 圓盤碟式煞車，最大優點為通風良好，防止長久煞車後，煞車失效發生。

(　) 7. 車輪感知器能輸出踏板位移信號至控制模組。

(　) 8. 踏板感知器裝於增壓器處。

(　) 9. 控制模組可從前後輪感知器接收速度信號。

(　) 10. 主繼電器作用時，將電力供應給至油壓調節器電磁閥。

二、選擇題

(　) 1. 引擎發動後，若控制模組無故障時，則警告指示燈應在幾秒鐘後熄滅　(A)2　(B)4　(C)6　(D)8。

(　) 2. 車速每小時達幾公里時，電動泵浦運轉且將信號輸送至控制模組　(A)10　(B)20　(C)30　(D)40。

(　) 3. 煞車作用時控制模組從何處接收信號，並且控制油壓控制模組　(A)壓力開關　(B)減壓閥　(C)踏板感知器　(D)車輪感知器。

( )4. 若前輪有趨於鎖住傾向，則控制模組將進油閥關閉，同時回油閥也　(A)開啓　(B)半開　(C)半關　(D)關閉　，使總泵無法增壓，防止車輪鎖住。

( )5. TRACS比ABS額外零件裝於油壓控制模組有超速電磁閥、壓力開關及　(A)警告指示燈　(B)減壓閥　(C)踏板感知器　(D)增壓器。

( )6. TRACS泵浦運轉泵油比煞車所需用油多，何種機件作調壓工作　(A)壓力開關　(B)電磁閥　(C)減壓閥　(D)回油閥。

( )7. 車上診斷系統(OBD)能同時儲存幾種故障碼　(A)5　(B)10　(C)15　(D)20。

( )8. 若系統出現嚴重故障，控制模組有那一個數字出現　(A)1　(B)2　(C)3　(D)4。

( )9. Brake fluid level switch 意義爲何　(A)壓力開關　(B)煞車油　(C)煞車油油面指示器　(D)油面開關。

( )10. control module 意義爲何　(A)油壓控制模組　(B)控制模組　(C)控制開關　(D)控制開關。

三、問答題

1. 寫出 TEVES MARK IV防鎖定系統 5 種主要零件。
2. 說明踏板感知器作用。
3. 簡述 MARK IV系統作用原理。
4. 寫出 TRACS 與 ABS 之差異性。
5. 說明如何在車上進行診斷(OBD)？

Anti-Lock Brake System

6章

ABS 防鎖定煞車系統

6-1　ABS 組件作用原理

■ 6-1.1　電子控制器

1. 防鎖定煞車系統(ABS)心臟為電子控制器，俗稱電腦(ECU)如圖 6-1 所示：

　　電子控制器(ECU)任何時刻監控系統作用，並且處理車輪感知器信號及改變頻率信號與車輪速度值一致，能判斷一個車輪轉動比另一輪慢。

　　電子控制器若測出任何車輪鎖住時輸出 12 V 電壓至電磁閥體，防止車輪鎖住。不論前輪或後輪電磁閥上均能做正確性控制。

　　電子控制器監控自身作用，若煞車系統有故障時兩個微處理機處理輸入信號及校正衝突信號使內和外部信號一致，微處理機

連續比較輸入信號，若內外不配合時，ECU關掉防鎖定(ABS)系
統作用，但仍然可以有正常煞車。

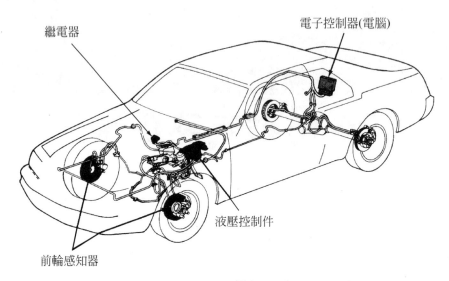

圖 6-1　典型電子控制器——ABS 系統

2.　波形成形電路如圖 6-2 所示：

　　輪速感知器輸出信號是一正弦波型(類比信號)，它的頻率依
輪速而變。信號輸入微處理機前，會將正弦波經由波形成形電路
轉換成脈波(數字信號)以便輸入微電腦。

　　微電腦從波形成形電路得到數字計算輪速度，輪加速度／減
速度及擬車速，故任何時間車輪的滑移(打滑)狀況均可獲得。

　　當輪減速度比計算車速有急劇減速時，ECU研判為"高"滑
率，便輸送信號保持或降低煞車壓力。反之，輪加速度比計算的
車速有增加時，ECU研判為"低"滑率並送信號，以增加煞車壓
力。

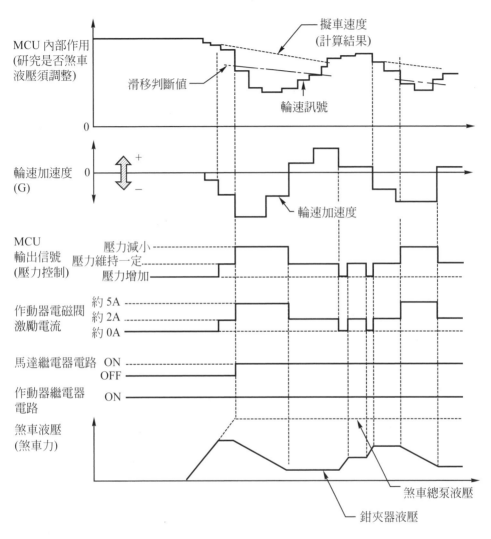

圖 6-2　ECU 波形成形電路

此電路利用功率電晶體並控制電流流至電磁閥。

從 ECU 輸出信號	電磁線圈電流(A)
壓力增加	約 0 安培
壓力維持一定	約 2 安培
壓力降低	約 5 安培

　　故障安全電路設計能監視感知器，電磁閥及 ECU 作用。若任何元件或系統失效，電路將停止所有電磁閥及電動馬達作動。這將導致電子控制器控制煞車系統功能換成傳統的煞車系統且在儀錶板上的警告指示燈也會亮著。

3.　圖 6-3 為 ECU 內部簡易圖：

電子控制器－防鎖定煞車系統

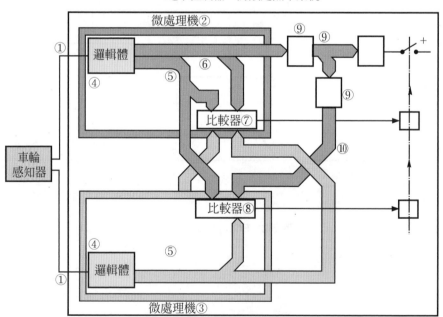

圖 6-3　電子控制器內部簡圖

(1)　車輪感知器輸入信號①及同時輸出至②和③微處理機。

(2)　②和③微處理機處理本身邏輯體(logic block)之信號和輸出內部信號⑤(如車輪速度)且依自身校正外部信號⑥(電磁閥控制)。

(3)　兩個邏輯體④內部信號⑤進入兩個不同比較器(comparators)⑦和⑧(每個微處理機有一個比較器)且彼此作比較。若信號不同則 ECU 將 ABS 關掉(無作用)。

(4)　微處理機②外部信號⑥直接輸入比較器⑦再由電磁閥體⑨經回饋電路⑩進入比較器⑧內。

(5)　微處理機③外部信號⑥直接進入兩個比較器⑦和⑧。

(6)　若外部信號無相互配合，ECU 將 ABS 系統切掉(無作用)。

　　　若感知器輸出不正確信號，ECU 立即關掉 ABS 系統，因此兩個微處理機同時處理錯誤信號，無法偵測毛病。若毛病連續發生，ECU 開始偵測到不正確信號即將 ABS 系統關掉。

　　　任何時刻 ECU 偵測 ABS 系統無作用或有故障時將 ABS 警告指示燈接通(亮著)。

6-2　煞車總泵及 ABS 油壓控制件

　　煞車總泵及 ABS 油壓控制件如圖 6-4 和 6-5 所示由下列組成：

①　煞車總泵及增壓器。

②　電動泵浦。

③　蓄壓器。

④　主控電磁閥。

⑤　電磁閥體總成。

⑥　壓力控制開關、壓力警告開關及油面指示開關。

⑦　儲油室。

CHAPTER

6

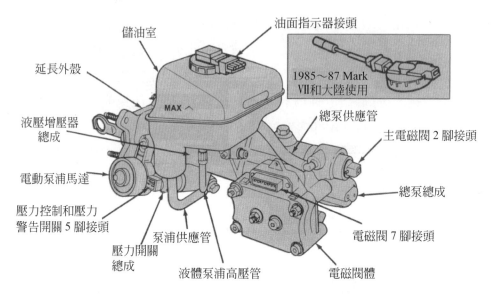

圖 6-4　總泵和防鎖住油壓控制件(所有車型使用除 Scorpio 外)

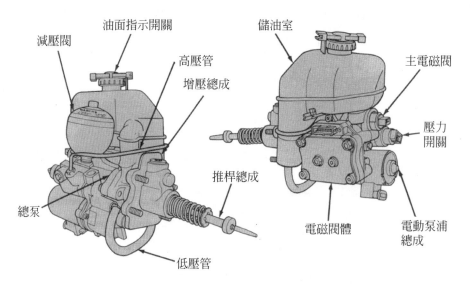

圖 6-5　總泵和防鎖住油壓控制件(Scorpio 使用)

6-2.1 系統元件

1. 煞車總泵增壓器：

    煞車總泵與增壓器總成裝於傳統串列式位置，增壓器裝於煞車總泵之後(如圖 6-4 和 6-5)，控制閥裝於總泵中央位置，並且由連桿連接至煞車踏板而完成控制。

2. 電動泵浦：

    電動泵浦是一種高壓泵浦，能短時間產生作用，以 2030～2610 psi(14000～18000 kpa)高壓力進入蓄壓室內，一分鐘內建立油壓並且供應至煞車系統上。

3. 蓄壓器：

    蓄壓器是一種氮氣充填總成適用於儲存或提供壓力至煞車系統。蓄壓器裝於電動泵浦外殼處如圖 6-6 所示，蓄壓器由膜片分成上下兩室，上室充填氮氣，下室由總泵供給煞車油。蓄壓器不可分解，應充填氮氣並且加壓至 12000 psi(8274 kpa)。

    電動泵浦供應煞車油至蓄壓器下室使膜片向上推且壓縮上室氮氣。因氮氣壓力反推膜片向下，使下室煞車油維持壓力在 2030～2610 psi(14000～18000 kpa)之間。正常煞車(ABS 無作用)蓄壓器能將煞車油至增壓器油壓升高再輸出至後輪煞車上。

    ABS 作用時，蓄壓器將煞車油至前輪油路升壓。電動泵浦外殼至增壓器總成高壓油管使用橡皮 O 形環，低壓油管使用金屬墊片。

    若電動泵浦總成故障，蓄壓器要完全充填，大約要 20 倍動力才能使車子停止。ABS 系統不使用真空煞車輔助，因它本身有高壓力自我供應。

CHAPTER

6

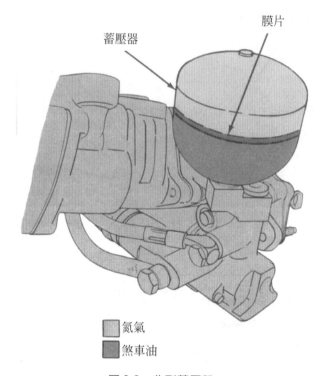

蓄壓器

膜片

□ 氮氣

■ 煞車油

圖 6-6　典型蓄壓器

4. 主控電磁閥：

　　如圖 6-7 所示，是一種電子或電磁閥。當防鎖定煞車系統有作用時，主控電磁閥開啟增壓室和總泵儲油室內部之間油路，並且關閉至儲油室之間油路。ABS作用在供應高壓煞車油及使煞車油流回至儲油室內。

　　當防鎖定煞車系統無作用，主控電磁閥關閉及重新開啟儲油室油路，由於主控電磁閥關閉使蓄壓器壓力從總泵至前輪油路消失(無壓力)。

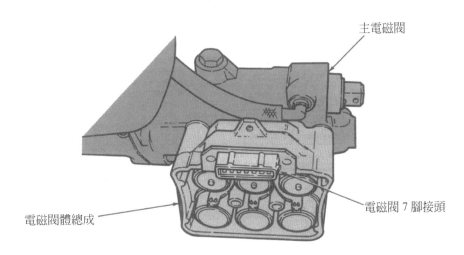

主電磁閥

電磁閥 7 腳接頭

電磁閥體總成

圖 6-7　主控電磁閥及閥體總成

5.　電磁閥體總成：

　　　　電磁閥體總成由螺絲鎖於總泵／增壓器內側邊如圖 6-7 所示。閥體包含三組電磁閥：每個獨立前輪一組和後輪一組電磁，每組電磁閥包括常開式及常閉式電磁閥。正常煞車(ABS無作用)壓力供給煞車系統經常開式電磁閥使煞車產生作用。

　　　　當防鎖定煞車系統作用，ECU啟閉適當常開式或常閉式電磁閥，使煞車系統作用及防止車輪鎖住。ECU偵測車輪有鎖住時使ABS 發生作用，到達等減速時，ECU 將開啟或關閉電磁閥的速率增加到每秒鐘 12 次。

　　　　若 ABS 無作用，常開式電磁閥維持開啟，常閉式電磁閥保持關閉，容許煞車系統無 ABS 作用，使正常煞車系統維持正常煞車力。

6.　壓力控制開關、警告開關及油面指示開關：

　　　　壓力開關組裝於電動泵浦總成如圖 6-8 所示，壓力控制和壓力警告總成作用時接點分開，下列說明作用情形：

CHAPTER

6

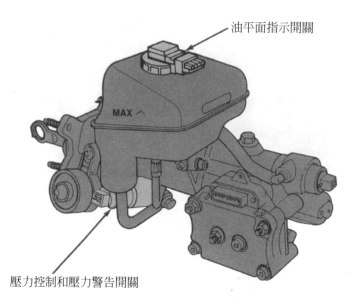

油平面指示開關

MAX

壓力控制和壓力警告開關

圖6-8　典型壓力控制和壓力警告開關電子總成

⑴　壓力控制開關(PCS)：

　　壓力控制開關有一組接點(如圖6-9所示)，由ECU控制，壓力控制開關裝於蓄壓器下方及監控蓄壓器下室壓力，當壓力到達2610 psi(18000 kpa)則開關開啟，故繼電器的電流使搭鐵線路開啟將泵浦停止運轉。若蓄壓器壓力下降至2030 psi(14000 kpa)則開關關閉使泵浦運轉。

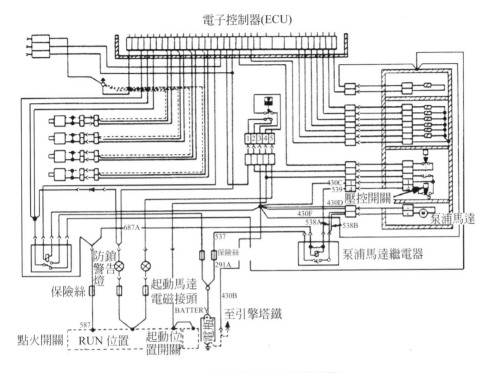

電子控制器(ECU)

圖 6-9　典型線路圖(壓力控制開關)

(2)　壓力警告開關(PWS)：

　　　壓力警告開關有兩個功用：若煞車下降至 15000 psi(10342 kpa)以下時，RED 煞車警告燈亮著(如圖 6-10 所示)，使 ECU 無控制作用，琥珀色(AMBER)指示燈也同時亮著。

　　　注意：RED 先亮，隨後 AMBER 指示燈立即亮起。

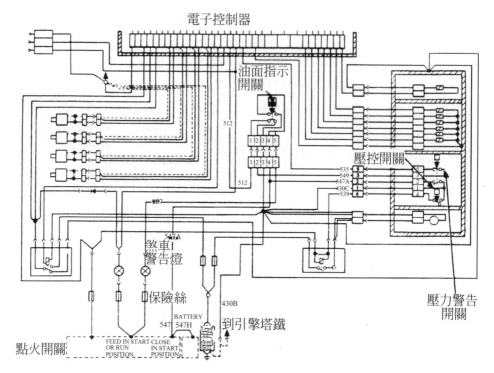

圖6-10　典型線路圖(壓力警告及油面指示開關)

7. 油面指示開關(FLI)：

　　　　油面指示開關有兩組白金接點(如圖6-8和6-10所示)，若煞車油降低至某個油平面則上方白金接點組使 RED 指示燈轉變成 ON，駕駛者應檢查煞車儲油室油平面。

　　　　下方白金接點組(如圖6-10)開啓使ECU將AMBER指示燈轉變成 ON，並且使 ABS 失去煞車功能，但傳統煞車正常。

　　　　壓力警告開關和油面指示開關下方白金接點組線路與 ECU 串聯，且經由油面指示開關和壓力警告開關再回至ECU。

　　　　注意：AMBER燈及RED燈同時亮，表示煞車系統油壓太低或系統壓力低於 1500 psi(10342 kpa)以下。

8.　儲油室：

　　　煞車儲油室總成(如圖 6-11 所示)，是一種半透明塑膠容器，有兩個主室及最高(MAX)油面記號。當油面低於最低浮球時，使用煞車油將蓄壓器完全填滿，故儲油室至最高刻劃。

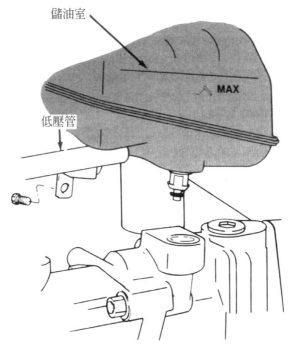

儲油室

低壓管

MAX

圖 6-11　典型儲油室

　　　儲油室有兩條低壓管，一條連接至電動泵浦總成，另外一條連接至煞車總泵外殼。

9.　輪速感知器：

　　　它有四個可變磁阻電子感知器總成：每車輪一組，每組總成包括磁場拾波感知器和齒數感知器齒環(如圖 6-12)。

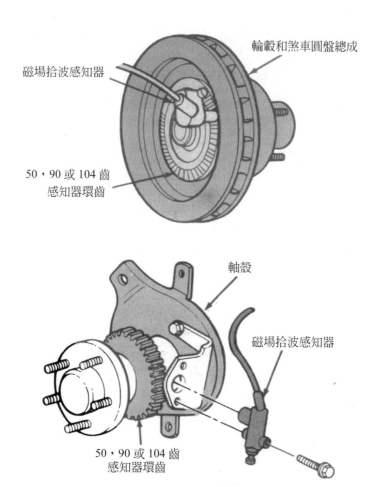

圖 6-12　前輪及後輪感知器總成

　　ABS系統前感知器齒環壓入煞車圓盤總成後方，後感知器齒
環壓入後軸，拾波總成裝於每個後輪支架上，並且裝於後軸內緣。

　　每個感知器之感知頭和齒表面之間有保持氣間隙如圖 6-13 所
示。

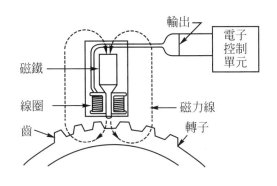

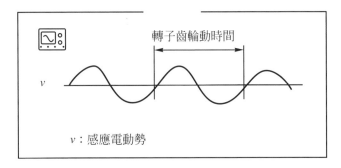

圖 6-13　感知器與齒環關係

　　車輪感知器操作磁場拾波(pick-up)總成，每個拾波總成由永久磁鐵使用繞組線圈圍繞所組成。感知器位置接近齒環，車輪旋轉則齒環也跟著旋轉，齒環經拾波總成於線圈內感應出信號並且由電磁鐵感應磁通量，從強至弱或反之不停改變磁通量。

　　車輪速度變化則信號振幅也產生變化，因此磁場建立或消失。脈衝與時間當量能影響速度變化，ECU輸出電壓對磁場變化率成正比例。

10. 繼電器和二極體：

　　ABS採用兩種繼電器：主功率繼電器及泵浦繼電器。

　　主功率繼電器輸出電流至ECU經點火開關。當ECU感知引擎發動時，它將進入自我測試及對煞車系統偵測。

　　當點火開關ON時，泵浦繼電器容許壓力控制開關對泵浦所需高電流控制，泵浦所需電流直接由電瓶供用。

　　泵浦繼電器添裝二極體如圖6-15所示，當泵浦停止時，馬達會產生高峰值，此二極體即可保護系統。

　　二極體可保護ECU，且裝於主功率繼電器(腳3)和AMBER警告指示燈之間(如圖6-14所示)，二極體防止電流直接從主功率繼電器腳3(電瓶B+)流至腳26或腳27造成故障。

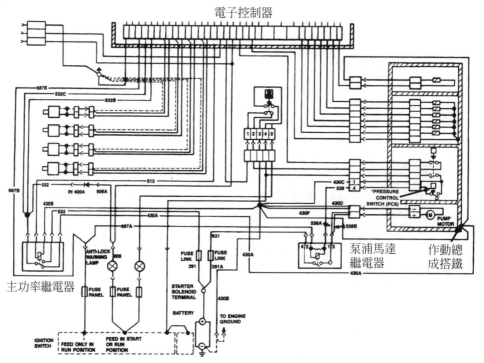

圖6-14　典型防鎖定繼電器及二極體線路圖

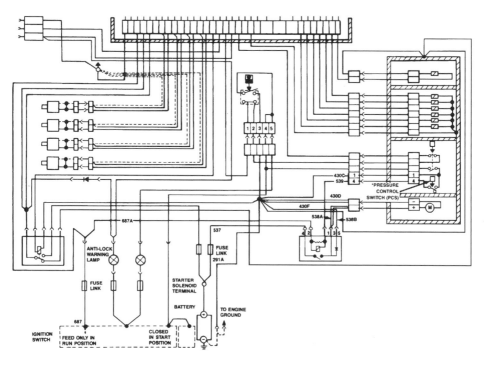

圖 6-15　典型防鎖定繼電器及二極體線路圖(1988 年)

　　若引擎發動時 AMBER 警告指示燈，由熄滅再亮著，則二極
體為斷路。若二極體為短路或搭鐵，則指示燈應立即亮著。

11. 警告指示燈：

　　防鎖定煞車系統(ABS)有兩種警告指示燈：一個紅色(RED)
警告指示燈，另一種為琥珀色(AMBER)防鎖定警告指示燈。

(1)　紅色(RED)警告指示燈亮時，如圖 6-16 所示：

①　發動引擎前拉手煞車，引擎發動 60 秒鐘後蓄壓器壓力建立。

②　若儲油室油面低於某種油面時。

③　若蓄壓器內壓力降至 1500 psi(10342 kpa)以下。

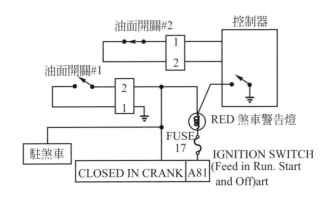

圖 6-16　RED 警告指示燈線路圖

(2)　琥珀色(AMBER)防鎖定警告指示燈亮時，如圖 6-17 所示：

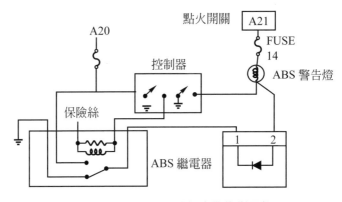

圖 6-17　AMBER 防鎖定警告指示燈

① 引擎發動時警告燈亮，直到 60 秒鐘後，引擎已發動蓄壓器壓力上升。

② 任何時刻 ECU 偵測出 ABS 系統有毛病。

6-3　系統作用

6-3.1　煞車油路

　　防鎖定煞車系統(ABS)是一種三條油路系統，每個獨立前輪採用個別油路，另外一條油路共同控制後輪及比例閥如圖 6-18 所示。

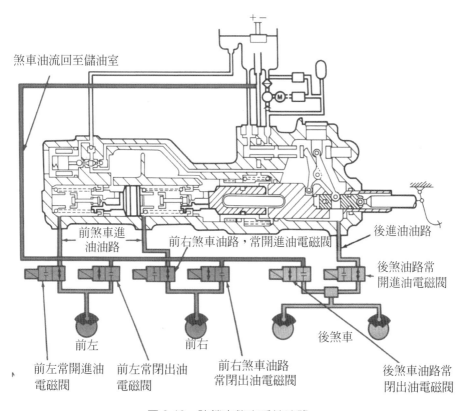

圖 6-18　防鎖定煞車系統油路

　　　閥體連接至油壓控制模組(油壓調節器)，含有三組電磁閥，二組電磁閥控制獨立前輪煞車，第三組電磁閥控制兩個後輪。每個電磁閥由常開進油電磁閥及常閉出油電磁閥組成。

　　　每條油路包含兩個電磁閥，常開電磁閥容許煞車油作用於系統上，另外常閉電磁閥排放煞車壓力。

■ 6.3.2　主控電磁閥

　　　主控電磁閥包含於油壓控制模組內，如圖 6-19 所示，當防鎖定煞車系統(ABS)作用時，它允許蓄壓器壓力至總泵內部儲油區後的活塞及反作用套前，並且由蓄壓器將煞車油增壓及流入前輪分泵和推反作用套使煞車踏板退後一小段距離。

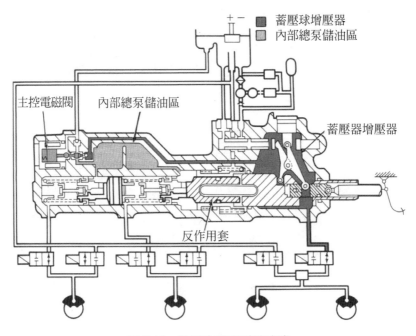

圖 6-19　防鎖定煞車系統油路

■ 6-3.3　煞車系統壓力

　　現今煞車系統使用真空輔助煞車。防鎖定煞車系統(ABS)使用電動泵浦產生煞車系統壓力，油壓能源自給，其煞車油由蓄壓器下室進入電動馬達內如圖 6-20 所示，蓄壓器內煞車油相對作用於膜片上，使上室氮氣被壓縮，氮氣也產生相對作用於膜片，也使下室煞車油被壓縮使其壓力增加，可維持煞車系統壓力。電動泵浦無法長久連續運轉，故蓄壓器必須充填氣體以維持煞車系統壓力。實際上，壓力低於 2030 psi(14000 kpa)才作用，壓力到達 2610 psi(18000 kpa)時停止運轉，其運轉由壓力控制開關所控制。

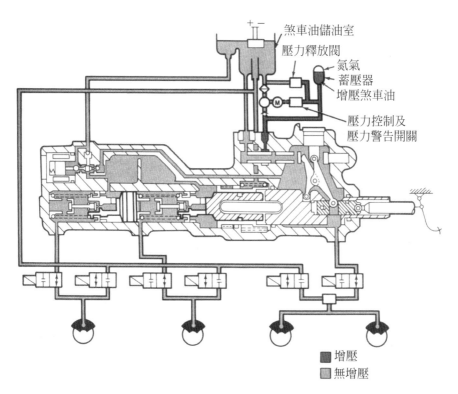

圖 6-20　蓄壓器及電動泵浦油路

CHAPTER

6

　　電動泵浦電路無連接至ECU，若ECU故障時可維持系統壓力，且加壓煞車油輸出至煞車系統上。

6-3.4　電子控制器輸入信號

　　欲使電子控制器(ECU)控制車輛煞車，必須有能力決定每個車輪旋轉速度。當車輛行駛由四輪感知器送出信號至微處理機儲存，並且連續做比較，儲存信號能對煞車系統各種狀況作適應，煞車作用時ECU偵測每輪旋轉至鎖定，再將12 V電壓輸出至電磁閥使煞車系統維持相當壓力。

　　若車輪有趨於鎖住，則ECU降壓足夠防止車輪鎖住，無論怎樣，要維持煞車系統壓力，確保良好制動力作用於各種道路表面上。車輪速度剛加快時，ECU截斷12 V電壓至電磁閥使系統壓力增加，壓力達最大範圍內確保車輪旋轉，且依據道路表面能一秒鐘發生3至12次制動效果。

　　ECU從各種開關接收輸入信號如油面指示及壓力警告開關。兩種開關其中之一作動時，ECU接受開關信號(如油面低於最低標準或蓄壓器壓力下降至最低時)使AMBER燈亮著，此時ABS失去作用，但仍然有正常煞車。

　　另外，有點火開關能將RUN、START或OFF位置信號輸入至ECU。

6.3.5　ABS系統作用

　　防鎖定煞車系統作用有三種不同型式：

1.　無煞車——此型式，煞車不作用。
2.　正常煞車——此型式，正常煞車力。
3.　防鎖定煞車——此型式，ECU感知車輪鎖住時立即調適煞車壓力，防止車輪鎖住。

附註——靜壓及動壓意義：靜壓由總泵活塞增加液體壓力。動壓由蓄壓器產生液體壓力。

1.　無煞車如圖 6-21 所示：

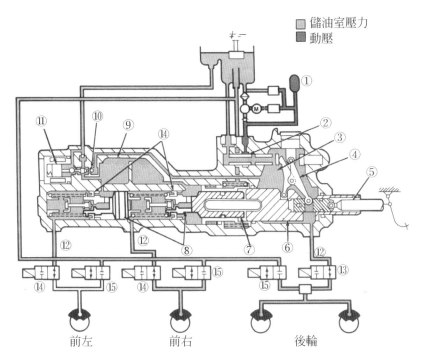

圖 6-21　無煞車作用

(1)　點火開關置於 RUN 處，電動泵浦維持蓄壓器①壓力在 2030～2610 psi(14000～18000 kpa) 之間。

(2)　高壓作用於增壓器總成之控制閥②，故煞車不作用，控制閥體蓄壓器壓力從增壓器傳至後輪煞車。

(3)　儲油室油路⑫內煞車油壓力與大氣壓力相同。

(4)　進油電磁閥⑬和⑭均為常開式電磁閥及出油電磁閥⑮全部關閉。

(5)　ECU 監控煞車系統及本身，並輸出信號到電磁閥作檢測動作。

2. 正常煞車如圖 6-22 所示：

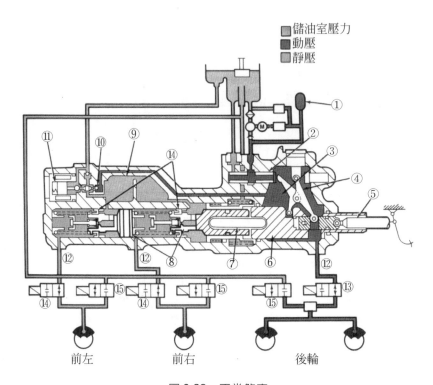

圖 6-22　正常煞車

(1) 正常動力煞車發生。

(2) 踩下煞車踏板傳遞至剪刀連桿機構④至控制閥②使動壓與踏板行程成正比，進入油壓作動總成③增壓器室一部分。

(3) 動壓傳遞至常開進油電磁閥⑬經比例閥至後輪煞車鉗夾器(caliper)。

(4) 常開電磁閥⑮保持關閉。

(5) 相同動壓傳至增壓器活塞⑥使活塞向左移與總泵活塞⑧相對作用，推桿推增壓缸有助於機構推出。

(6) 總泵活塞⑧移至左，使靜壓進入兩條獨立油路經常開進油電磁閥⑭再至前輪煞車。

(7)　常閉電磁閥⑮維持關閉。

(8)　ECU監控煞車系統及本身，並輸出信號到電磁閥作檢測動作。

3.　防鎖定煞車如圖 6-23 所示：

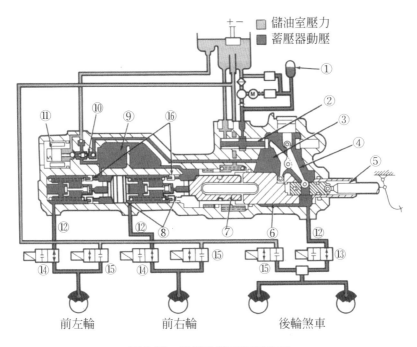

圖 6-23　防鎖定煞車系統作用

(1)　踩下煞車，ECU從一個或更多個車輪感知器偵測出有車輪被鎖住。

(2)　ECU關閉常開進油電磁閥及開啓常閉出油電磁閥。車輪開始鎖住，系統降壓直到煞車油路與儲油室油路相通。

(3)　同時主電磁閥⑪動壓作用於總泵活塞⑨開啓油路。

(4)　ECU開啓進油電磁閥及關閉出油電磁閥使煞車壓力增加。動壓因煞車油流至增壓器油路⑩經主電磁閥至總泵外部主皮碗⑯至前輪煞車油路。

(5) 總泵前煞車油室動壓推反作用套⑦至右邊。反作用套相對推增壓器活塞⑥再推煞車踏板推桿⑤使踏板回至靜止位置。

(6) ECU感知煞車作用恢復正常，它分開主電磁閥電源供應及使煞車系統正常作用。

(7) 蓄壓器壓力下降至安全極限，RED警告燈及AMBER燈均會亮。

(8) 若儲油室油面下降，油面感知器使 RED 警告指示燈亮。油面下降表示油洩漏，ECU使AMBER燈亮著及使ABS失去作用。

(9) 若動壓下降，為了產生標準煞車力，可利用全部踏板行程，使靜壓作用於前輪煞車，同時也增加踏板效應，AMBER及RED警告指示燈即刻亮起。

習　題

一、是非題

( ) 1. 當車輪前輪鎖住，轉向力最大，若後輪鎖住車輛變成不穩定及開始打滑。

( ) 2. 電子控制器接收各種感知器及開關輸入信號，並且控制電磁閥，防止車輪鎖住。

( ) 3. 常閉式電磁閥允許煞車油作用於煞車系統，另外常開電磁閥將煞車壓力排放。

( ) 4. 電動泵浦不可長久運轉，若壓力低於 2030 psi時才作用，壓力到達 2610 psi 才停止運轉。

( ) 5. 電動泵浦電路連接至ECU，若ECU故障，系統可維持壓力。

( ) 6. ECU 從各種開關接收輸入信號如油面指示及壓力警告開關。

( ) 7. 靜壓由蓄壓器供給液體壓力，動壓由總泵活塞增加液體壓力。

( ) 8. ECU監控煞車系統車輪鎖住，但對本身無監控能力。

(　) 9. 蓄壓器壓力下降至安全極限，RED 及 AMBER 警告燈均會亮著。

(　) 10. 防鎖定煞車系統(ABS)心臟為電子控制器，俗稱電腦。

(　) 11. ECU 有兩個微處理機可處理輸出信號。

(　) 12. 微處理機外部信號⑥直接進入比較器。

(　) 13. 若外部信號無相互配合，ECU 將 ABS 關掉。

(　) 14. ABS 有任何不作用，會造成正常煞車失去作用。

(　) 15. 電動泵浦為高壓泵浦且短時間作用。

(　) 16. 蓄壓器可分解之，所容納之氮氣加壓至 1200 psi(8274 kpa)。

(　) 17. 正常煞車，蓄壓器供給油壓至增壓器至後輪煞車油路。

(　) 18. ABS 作用時，蓄壓器供給煞車油至前輪煞車油路。

(　) 19. ABS 作用時，因極快速比率作用使煞車踏板輕微振動。

(　) 20. ABS 無作用，常開電磁閥關閉，常閉電磁閥開啟。

二、選擇題

(　) 1. ABS 系統產生動壓為何零件　(A)蓄壓器　(B)增壓器　(C)主控電磁閥　(D)煞車總泵。

(　) 2. ABS 系統正常煞車動壓傳遞至常開進油電磁閥經何處再至後輪煞車鉗夾器　(A)電磁閥　(B)比例閥　(C)差壓閥　(D)減壓閥。

(　) 3. ABS 系統之儲油室油面下降至某一油面高度時，ECU 使　(A)RED　(B)AMBER　(C)Green　(D)Oil　警告指示燈亮著。

(　) 4. 煞車系統之中能使駕駛者正常煞車，可轉向及吸收側力　(A)ABS　(B)ECU　(C)機械煞車　(D)手煞車。

(　) 5. ABS 系統之心臟為　(A)蓄壓器　(B)增壓器　(C)電磁閥　(D)ECU。

(　)6. ABS 系統作用時，ECU 輸出多少電壓至電磁閥　(A)6 V　(B)12 V　(C)14 V　(D)9 V。

(　)7. ECU 接受何種不正確信號輸入時，ABS 失去作用　(A)RED　(B)AMBER　(C)感知器　(D)油面指示器。

(　)8. 電動泵浦能產生多少壓力至蓄壓器內　(A)1000～1500　(B)1500～2000　(C)2030～2610　(D)2700～3000　psi。

(　)9. 蓄壓器應充填氮氣至多少壓力　(A)500　(B)700　(C)1000　(D)1200　psi。

(　)10. 煞車壓力下降至多少以下時，RED 及 AMBER 警告指示燈均會亮著　(A)500　(B)1000　(C)1500　(D)2000　psi。

(　)11. 儲油室有兩條低壓油管，一條接至電動泵浦，另外一條連接至　(A)總泵　(B)分泵　(C)增壓器　(D)蓄壓器。

(　)12. 若引擎發動期間 AMBER 指示燈亮，代表二極體搭鐵或　(A)開路　(B)短路　(C)導通　(D)斷路。

三、問答題

1. 請繪出電子控制器內部簡易圖。

2. 試述複合開關的功能及作用。

3. ABS 中 ECU 單元的內部控制流程如何作用。

4. TEVES MARK II ABS 之電磁閥有哪幾類？試述其工作原理。

5. 說明油面指示開關的作用。

6. RED 警告指示燈亮，表示什麼情況說明之。

7. 試述 ABS 作用時，煞車狀況。

7章

ABS 系統診斷及測試和調整

7-1　診斷和測試

■ 7-1.1　自我測試

　　自我測試使用自我自動讀出測試器(STAR)，ECU 監控系統作用和儲存 7 個故障碼，並且儲存於記憶庫。無論如何，它無法儲存第一個阿拉伯數字相同的兩種故障碼。例如組件在同時間無法儲存 25 和 26 碼，但它能同時間儲存 25 和 35 碼。

　　自我測試時，電磁閥故障碼(第一個數字 2 碼，如 22)先將任何儲存故障碼消除。

　　電子控制器無法顯示出任何其他故障碼，若使用STAR測試器，直到20 系列碼恢復，且電磁閥已經執行後，自我測試器才能照常RUN及顯示出儲存碼。

　　自我測試碼如圖 7-1 所示，全部列出系統重要性：

故障碼(組件)		定點測試步驟
11	電子控制器	AA1
12	電子控制器-更換器	AA2
*21	主閥	BB1
*22	LH 前進油閥	CC1
*23	LH 前出油閥	CC2
*24	RH 前進油閥	CC3
*25	RH 前出油閥	CC4
*26	後進油閥	CC5
*27	後出口閥和搭鐵	CC6
31	LH 前感知器	DD1
32	RH 前感知器	DD5
33	RH 後感知器	DD9
34	LH 後感知器	DD13
35	LH 前感知器	DD1
36	RH 前感知器	DD5
37	RH 後感知器	DD11
38	LH 後感知器	DD16
41	LH 前感知器	DD1
42	RH 前感知器	DD6
43	RH 後感知器	DD11
44	LH 後感知器	DD16
45	LH 前和另外一個感知器	DD17
46	RH 前和另外一個感知器	DD20
47	兩個後感知器	DD21
48	3/4 感知器	DD22
51	LH 前出口閥	EE1
52	RH 後出口閥	EE3
53	後出油閥	EE5
54	後出油閥	EE7
55	LH 前感知器	DD1
56	RH 前感知器	DD6
57	RH 後感知器	DD11
58	LH 後感知器	DD16
61	FL1 和 PWS 線路	FF1
71	LH 前感知器	EE1
72	RH 前感知器	EE3
73	RH 後感知器	EE5
74	LH 後感知器	EE7
75	LH 前感知器	DD1
76	RH 前感知器	DD6
77	RH 後感知器	DD11
78	LH 後感知器	DD16
99	電子控制器	AA1

圖 7-1　自我測試故障碼

1.　碼 11、12 和 99 為有關電子控制器(ECU)。

2.　碼 21 至 27(20 系列碼)為主控電磁閥和／或進油及出油電磁閥均無作用。

3.　碼 31 至 38(30 系列碼)為一個或更多車輪感知器線路斷路。

4.　碼 41 至 44(40 系列碼)為車輪感知器信號振幅不在標準範圍內。

5.　碼 45 至 48 為兩個或更多感知器信號消失。

6.　碼 51 至 58(50 系列碼)。

7.　碼 61 為油平面指示器和壓力警告開關線路毛病。

　　　　ECU 記憶庫無法調整碼 61，因腳 27 和 25 之間線路為斷路(油平面指示器和壓力警告開關線路)。原因為蓄壓器壓力降低，無法使車輛延長行駛時間，突然發動時 ECU 線路類似斷路直到煞車壓力產生。無論如何，ECU 偵測出線路為斷路時 AMBER 警告指示燈會亮著。若 12 V 電壓輸入於 ECU 腳 25，因線路短路則碼 61 會顯現出。

8.　碼 71 至 78(70 系列碼)為車輛感知器故障已有一段時間。若自我測試，ECU 測出車輪感知器故障，則會顯示 70 系列故障碼。

　　若 STAR 測試器無故障碼(：00)，且 RED 及 AMBER 警告指示燈均會 ON，請參考防鎖住 "快速測定" 單元。

　　若 STAR 測試器無故障碼(：00)，且 RED 及 AMBER 警告指示燈兩者均不 ON，系統已做過自我測試診斷，防鎖住煞車系統仍然無正常作用，進行下一個步驟：快速測試。

CHAPTER

7

■ 7-1.2　STAR 測試器使用方法

1. 點火開關關掉。

2. 尋找電子控制器，使用適當年份修護手冊。

3. 不接 STAR 測試器至 ABS 接頭，轉 STAR 測試器電源開關至 ON 位置，STAR 做自我測試，應穩定顯示 00 號碼。

4. 推 STAR 測試器中央鈕，左邊應出現一個(：)冒號。

5. 再次推按鈕，自我測試解除，冒號應消失。

6. STAR 測試器通過上述測試，使用自我測試處理。
   注意！使用 STAR 測試器，經常將它置於 "slow" 型。

7. 接 STAR 測試器 6 腳較大接頭至 ECU 接頭腳 6 如圖 7-2 所示。

8. **確定 STAR 測試器推按鈕至 ON 位置。轉點火開關至 RUN 位置，故障碼應在 45 秒鐘內顯現出。**

9. 若碼顯現(與 20 系列碼不同)，推 STAR 按鈕解除自我測試，再推按鈕重新作自我測試。記下任何顯現故障碼及重複此程序直到 STAR 顯現：00 為止。若 STAR 已顯現：00 則全部碼均讀出。若 STAR 讀出 7 碼，修護所有故障，行駛車輛速度超過 25 mph(40 km/h)，消除記憶及重新操作自我測試。

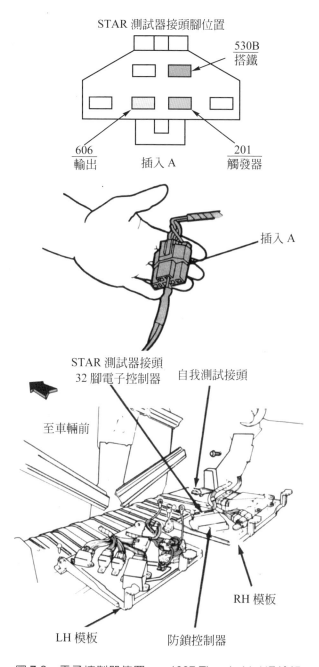

STAR 測試器接頭腳位置

530B
搭鐵

606
輸出

插入 A

201
觸發器

插入 A

STAR 測試器接頭
32 腳電子控制器

自我測試接頭

至車輛前

RH 模板

LH 模板

防鎖控制器

圖 7-2　電子控制器位置──1987 Thunderbird 渦輪組

CHAPTER

7

10. 自我測試 "測試中" 若有任何故障碼顯現，請參考 "自我測試" 診斷圖表。

下圖爲自我測試圖表如圖 7-3 所示：

自我測試		
測試步驟	結果　▶	開始作用
1.0　連接 STAR 測試器		
● 關掉點火開關 ● 連接 Rotunda Star Tester 007-00017 或相等防鎖自我測試接頭 ● 開啓(ON)測試器 　注意：測試期間車輛不可移動或轉方向盤 ● 壓下 STAR 測試器推鈕至測測位置 顯示出應爲： 冒號顯示 **: 00**　冒號必須顯示至接收故障碼 ● 轉點火開關至 RUN 位置，等 45 秒鐘 觀察測試器顯示	良好碼(00)顯示和警告燈 OFF　(OK)▶ 良好碼(00)顯示和警告燈 ON　(OK)▶ 故障碼顯示　(OK)▶	車輛 OK，車輛交還客戶 實施快速防鎖測試 進入至 2.0
2.0　檢查故障碼		

圖 7-3　自我測試圖表

下列三種情形能引導你一步一步測試：

1. 無故障碼(：00)顯示／警告燈 OFF：

若 STAR 無故障碼(：00)顯現則 RED 及 AMBER 警告指示燈均 OFF，表示 ABS 系統無任何故障，可把車輛交還客戶。

附註：車輛行駛作 ABS 系統測試，ABS 應有正常作用，若無作用即可實施 "快速測試"。

2. 無故障碼(：00)顯示／警告燈 ON：

若 RED 及 AMBER 警告指示燈其中之一 ON 時則系統有故障，參考診斷圖表可作正確故障判斷。若 STAR 有顯示出故障碼，表示 ABS 系統有故障。

3.　定點測試：

　　　ABS系統實施定點測試須經一步一步測試程序，若發現缺點則修理之。

　　　實施定點測試不可採捷徑方法，否則系統磨損及浪費更長時間。

■ 7-1.3　預先測試檢查

　　預先測試可先瞭解煞車踏板故障原因，下列實施預先測試時應先：

1.　應先確認手煞車完全放鬆，煞車警告燈無搭鐵，簡略檢視電瓶。
2.　檢視ECU線束接頭是否適當插入或無毛病(缺點)。
3.　檢查ECU總成裝置缺點，若有任何裝置缺點應更換ECU總成。
4.　確認下列接頭及線路連接或束緊是否適當。
　(1)　閥件腳 7 接頭。
　(2)　主控電磁閥腳 2 接頭。
　(3)　壓力警告及壓力控制開關腳 5 接頭。
　(4)　油面指示開關腳 5 接頭。
　(5)　四輪感知器腳 2 接頭。
　(6)　馬達末端使用跨線在腳 2 和腳 4 接頭。
　(7)　2 個繼電器插頭裝於塑膠儲油筒附近，線路連接於儀錶板處。
　(8)　搭鐵連接於前油壓控制件總成上。
　(9)　電瓶負極樁頭連接至擋泥板處，再至線束經 2 支腳接頭。
5.　檢查所有繼電器、二極體和保險絲無缺點或適當嵌入。
6.　檢查電瓶線接頭清潔和鎖緊。
7.　檢查ECU及油壓控制模組所有搭鐵接頭。

CHAPTER 7

■ 7-1.4　快速測試

　　實施快速測試使用 Break out box 連接至車輛線束。利用這種測試應用一般煞車狀況，若有故障可有效及正確測試出。若快速測試無法發現缺點，你必須採用"診斷燈徵候圖表"來確認診斷過程的準確性。

　　圖 7-4 所示為實例，當檢查 RR 感知器電阻，此表告訴你測量腳 6 和 23 之間，此表也告知你調整數位電壓錶至千(k)歐姆刻度，測量電阻範圍為 800 至 1400Ω之間，若電阻不在此範圍，你要作定點測試步驟 A-8。

測試項目		點火型式	測量腳號碼之間	測試器刻度／範圍	規範	定點測試步　驟
無增壓／無動力煞車(煞車踏板堅硬)		—	—	—	—	D-1
電瓶檢查		On	40＋18	V	10 mm	A-1
主功率繼電器		Off	40＋9	Ω	45Ω～105Ω	A-6
		置跨線於腳 9 和 18 之間				
		On	40＋16	V	10 mm	A-7
從主繼電器繼電器動力		On	40＋15	V	10 mm	A-3
主功率繼電器線路		從 9 和 18 拆開跨線				
		Off	40＋16	導通	導通	A-2
主功率繼電器線路		Off	15＋40	導通	導通	A3-a
感知器電阻	(RR)	Off	6＋23	kΩ	800～1400Ω	A-8
感知器電阻	(LF)	Off	5＋22	kΩ	800～1400Ω	A-9
感知器電阻	(LR)	Off	4＋21	kΩ	800～1400Ω	A-10
感知器電阻	(RF)	Off	3＋20	kΩ	800～1400Ω	A-11
主閥電阻		Off	11＋29	Ω	2Ω～5.5Ω	A-12
進油&出油閥		Off	11＋40	導通	導通	A-13
		Off	11＋32	Ω	5Ω～8Ω	A-14
		Off	11＋30	Ω	5Ω～8Ω	A-15
		Off	11＋31	Ω	5Ω～8Ω	A-16
		Off	11＋12	Ω	5Ω～8Ω	A-17
		Off	11＋14	Ω	5Ω～8Ω	A-18
		Off	11＋13	Ω	5Ω～8Ω	A-19
儲油室警告指示燈		On	25＋27	Ω	5Ω	A-4a
儲油室油面升高(浮筒在底部)		Off	25＋27	Ω	無限大(斷路)	A-5a
感知器電線連續保護至搭鐵	(RR)	Off	40＋6	導通	不導通	B-1a
	(LF)	Off	40＋5	導通	不導通	B-2a
	(LR)	Off	40＋4	導通	不導通	B-1c
	(RF)	Off	40＋3	導通	不導通	B-4a
感知器電壓(每秒最少旋轉車輪乙圈)	(RR)	Off ②	6＋23	AC mV	50～700 mV	C-5
	(LF)	Off ②	5＋22	AC mV	50～700 mV	C-6
	(LR)	Off ②	4＋21	AC mV	50～700 mV	C-7
	(RF)	Off ②	3＋20	AC mV	50～700 mV	C-8

圖 7-4　防鎖住系統 "快速檢查表" 使用 60 腳 EEC-IV Break out
　　　　Box，工具 T83L-50-EEC-IV

■ 7-1.5　症狀診斷燈

　　若快速測試無法找出故障時，檢查RED及AMBER警告指示燈作用。圖7-5所示，可觀察燈及比較他們ON/OFF作用。警告燈波形要符合圖表所列出情形，再由圖表實施定點測試。

　　症狀診斷燈圖表與車輛行駛的 RED 及 AMBER 警告指示燈時序作比較，採用此圖表，你必須檢查車輛八種不同工作型式：

1.　點火開關置於 ON。
2.　發動引擎(搖轉引擎)。
3.　引擎運轉(車輛靜止)。
4.　車輛行駛。
5.　防鎖住煞車系統不作用。
6.　停止車輛。
7.　引擎怠速運轉。
8.　關掉點火開關。

　　注意！實施症狀診斷時手煞車必須放鬆，否則 RED 警告指示燈在任何測試時間均亮著。

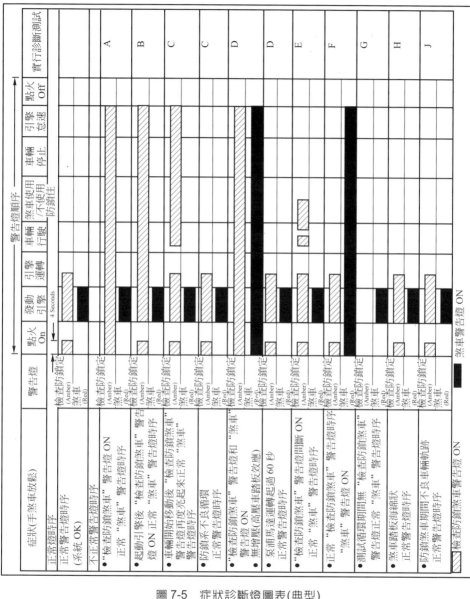

圖 7-5　症狀診斷燈圖表(典型)

當實施症狀診斷燈作用檢查，你須特別注意指示燈及寫下指示燈"ON"作用狀況，例如：

1. 引擎祇搖轉時 RED 警告指示燈及 AMBER 警告指示燈均 ON：
   (1) 第一次轉點火開關 ON 大約 4 秒鐘。
   (2) 同時起動馬達。
   (3) 發動引擎(車輛靜止)大約 4 秒鐘。
   (4) 連續運動直到車輛行駛後將引擎熄火(點火開關 OFF)。
       上述過程，參考症狀診斷燈圖表測試 C。
       正常順序為：

2. 引擎搖轉期間 RED 警告指示燈 ON 及 AMBER 警告指示燈 ON：
   (1) 使點火開關 ON。
   (2) 起動馬達期間。
   (3) 發動引擎大約 4 秒鐘，引擎熄火及停留(點火開關)OFF 位置。

🔲 7-1.6　定點與診斷測試

防鎖住系統(ABS)裝有自我測試，下列兩種不同診斷測試可參考：定點測試及診斷測試。

1. 定點測試：
   若使用自我測試時，瞭解故障碼請參考"自我測試故障碼目錄"圖表，若煞車系統有故障，可作定點測試。測試時使用兩個大寫字母來區分，諸如 AA、BB、CC 等等。

2. 診斷測試：
   當實施快速測試或使用診斷燈症狀表，請參考診斷測試。診斷測試與定點測試相同，以單一大寫字母來區分，諸如 A、B、C 等等。

　　　　注意——防鎖定煞車系統(ABS)作用,應參考正確測試(定點或診斷)。例如:若參考定點測試BB1(同時實施自我測試),將會檢查出主電磁閥作用正常。無論何時,若進入B1錯誤診斷測試,將會檢查出車輪感知器線路情況。

3.　瞭解定點及診斷測試:

　　　　實施自我測試、快速測試及診斷燈症狀診斷之後,請參考定點(自我測試)或診斷(快速測試或診斷燈症狀診斷)測試。

　　　　下列為使用定點或診斷測試的要求:

(1)　任何定點或診斷測試不可行駛,除非自我測試,快速測試及診斷燈症狀診斷才可行駛。

(2)　ABS偵測出故障後,進行車上自我診斷測試如定點及快速測試及診斷燈症狀診斷測試。

(3)　不可更換任何零組件,除非定點或診斷測試規定之。

(4)　當使用定點或診斷測試,每個步驟要合乎規定實施。

(5)　對ABS系統完成修護之後,確定所有零組件正確安裝。

　　　　注意——當實施定點或診斷測試:

①　修護手冊指示採用測試儀器,不可使用類比電壓錶。因類比電壓錶比數位電壓錶流入較大電流,會造成電子控制器故障。平時採用數位電壓錶、數位電壓-歐姆錶或數位三用電錶,使用不當測試儀器會造成電子控制器(ECU)故障。

②　供應直流電壓時,不可測試線路電阻,若使用歐姆錶或三用電錶(歐姆位置)造成錶內部損害。

　　　　下列定點測試"步驟",請參考(圖 7-6(左)所示):

CHAPTER

7

車輪感知器診斷　　　　　　　　　　　　　　　　　　　　　測試 DD

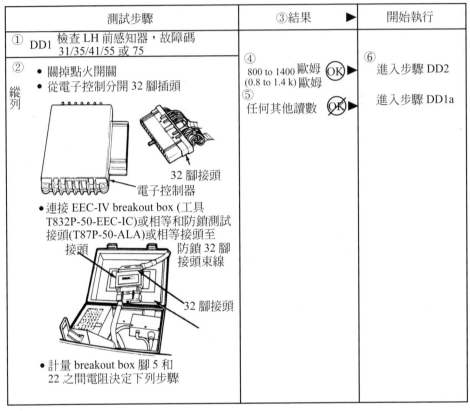

測試步驟	③結果　▶	開始執行
① DD1 檢查 LH 前感知器，故障碼 31/35/41/55 或 75		
② 縱列 ● 關掉點火開關 ● 從電子控制分開 32 腳插頭	④ 800 to 1400 歐姆 (0.8 to 1.4 k) 歐姆 (OK)▶ ⑤ 任何其他讀數 (OK)▶	⑥ 進入步驟 DD2 進入步驟 DD1a
32 腳接頭 電子控制器 ● 連接 EEC-IV breakout box (工具 T832P-50-EEC-IC)或相等和防鎖測試 接頭(T87P-50-ALA)或相等接頭至 接頭　　　　　　　防鎖 32 腳 接頭束線 32 腳接頭 ● 計量 breakout box 腳 5 和 22 之間電阻決定下列步驟		

圖 7-6　定點測試 DD1

❶　此區域指示有關定點測試步驟之DD1，可瞭解何種故障碼及檢查什麼零件。

❷　此區域說明如何實施測試程序。例如，它需要你做下列工作：

(a)　關掉點火開關。

(b)　從 ECU 分開 32 腳插頭。

(c)　連接 EEC-IV break out box 或相等及 ABS 測試接頭至 ABS 32 腳接頭線束。

(d)　測量 break out box 腳 5 及 22 間電阻(Ω)。

下列定點測試"結果",如圖 7-6(中)所示:

(a)　正確實施"步驟"之後,可獲得"結果"。例如,當你測量腳 5 及 22 間電阻,此圖(7-6)問你有什麼"結果"?

(b)　結果:800～1400(0.8～1.4 k)歐姆?

(c)　結果:任何讀數不在 800～1400(0.8～1.4 k)歐姆之間?

例如使用 Break out box 讀數無法獲得 800～1400(0.8～1.4 k),請參考"開始執行"(圖 7-6(右))所示。

下列定點測試"開始執行"如圖 7-6(右)所示:

讀數無法在 800～1400(0.8～1.4 k)歐姆,你將:進入步驟 DD1a 階段。

7-2　ABS 系統調整過程

7-2.1　車輪感知器

1.　前輪感知器:

⑴　開始調整感知器前先將電接頭拆開。

⑵　頂高車輛。

⑶　將調整螺絲放鬆(如圖 7-7 所示),握住支架處感知器,並且拆下。

⑷　使用鈍刀子或相類似工具小心地刮除極柱表面上的不潔物質。

⑸　黏新紙隔開物於極柱表面如圖 7-7 所示。

⑹　沿著感知器螺絲旋轉鋼套使調整螺絲獲得新表面並且鎖入凹孔。

⑺　裝感知器於煞車防護罩支架處,確保感知器上紙間隔物存在,且裝置時防止脫落。

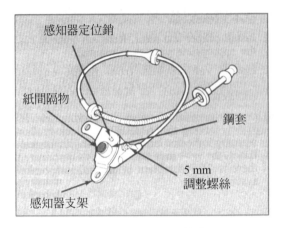

圖 7-7　前輪感知器總成

(8)　推感知器朝向感知器齒環直到感知器上紙間隔物接觸於齒環。固定感知器及齒環並且使用 21～26 lb-in(2.4～3 Nm)扭力鎖緊 5 mm 調整螺絲。

(9)　放下車輛及將感知器電接頭連接。

(10)　行駛車輛檢查感知器作用及觀察 ABS 警告指示燈是否亮著，若不亮表示此系統正常(OK)。反之，ABS 系統有故障。

2.　後輪感知器：

(1)　調整感知器前先將電接頭拆開。

(2)　頂高車輛。

(3)　拆後輪鉗夾器(caliper)及轉子總成。

(4)　放鬆調整螺絲如圖 7-8 所示。

(5)　拆感知器短螺絲及支架感知器。

(6)　使用鈍刀子或相類似工具小心地刮除極柱表面上的不潔物質。

(7)　黏新後方紙隔開物於極柱表面。

(8)　沿著 E8 TORX 短螺絲旋轉鋼套如圖 7-8 所示，調整螺絲獲得新表面鎖入凹孔。

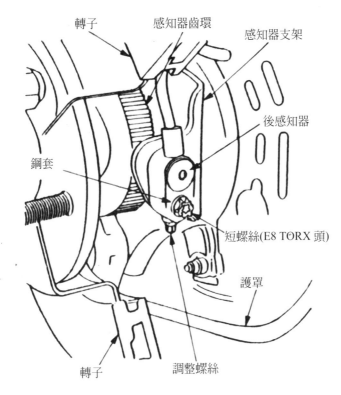

轉子　感知器齒環　感知器支架

後感知器

鋼套

短螺絲(E8 TORX 頭)

護罩

轉子　調整螺絲

圖 7-8　後車輪感知器總成

(9)　裝感知器於支架及鎖緊螺絲。

(10)　推感知器朝向感知器齒環直到感知器上紙間隔物接觸於齒環。
固定感知器及齒環並且使用 21～26 lb-in(2.4～3 Nm)扭力鎖
緊調整螺絲。

(11)　裝鉗夾器及轉子。

(12)　放下車子及將感知器電接頭連接。

(13)　行駛車輛檢查感知器作用及觀察 ABS 警告指示燈是否亮著，
若不亮表示此系統正常(OK)。反之，亮著表示 ABS 有故障存在。

CHAPTER 7

■ 7-2.2　修護程序

1. 修護預防：

　　無論何時修護ABS系統時必須觀察下列警告及注意事項：

　　警告：修護 ABS 系統時要特別小心，因蓄壓器產生高壓。故修護時應先將油壓放除，此時引擎應熄火及將電動泵浦停止20分鐘，直到煞車踏板作用力感覺消除。

　　修護ABS系統對下列組件必須先放除壓力：

(1) 油壓控制模組總成(油壓調節器)。

(2) 蓄壓器。

(3) 電動泵浦。

(4) 電磁閥體總成。

(5) 儲油室總成。

(6) 壓力警告及壓力控制開關總成。

(7) 後比例閥。

(8) 後鉗夾器總成。

(9) 高壓煞車油管。

　　注意——預防污穢，需使用洗滌器或吸氣泵浦將儲油室及煞車油清理乾淨。防止煞車油流入任何電接頭。防止灰塵掉入油壓控制模組內。

2. ABS系統放空氣：

　　放空氣有下列特殊程序：

　　注意——前輪煞車無接受蓄壓器壓力，除非 ABS 系統有作用，蓄壓器是否充填，其排放空氣與傳統方式相同，故 ABS 前輪放空氣與傳統方式相同。

⑴　後輪煞車排放空氣：

　　　後輪煞車排放空氣時蓄壓器應完全充塡。否則，系統必須使用 Rotunda Brake Bleeder 型式 104-00064 連接至儲油室及使用 35 psi(240 kpa)壓力維持此系統壓力。

　　　注意——熱電偶安全開關裝於電動泵浦內，若泵浦運轉大約 20 分鐘後自動關掉。等冷卻 2～10 分鐘後才恢復運轉。

⑵　蓄壓器充塡排放系統空氣：

　　　使用蓄壓器壓力至煞車系統，開啓後輪煞車鉗夾器放氣螺絲 10 秒鐘，同時固定煞車踏板在作用位置及將點火開關轉至 RUN 位置，重複放氣直到每個鉗夾器空氣排放乾淨，再鎖緊放氣螺絲。踩煞車踏板幾次至完成放氣程序。蓄壓器完全充塡，塡加煞車油至儲油室最高平面。

⑶　系統放氣使用壓力放氣器：

　　　當使用 Rotunda Brake Bleeder 型式 104-00064 或相等工具，壓力放氣器須連接至儲油室內及使用 35 psi(240 kpa)壓力維持系統壓力，將煞車踏板放在靜止位置及點火開關OFF，此時打開後輪鉗夾器放氣螺絲 10 秒鐘。再轉點火開關至RUN位置，重複放氣直到每個後輪鉗夾器空氣排放乾淨，鎖緊放氣螺絲，踩煞車踏板幾次至完成放氣程序。要使蓄壓器完全充塡，將儲油室內過多煞車油產生吸虹作用，使油平面調整到最大(max)處。

7-3　ABS 系統術語

ABS——防鎖定煞車系統。

蓄壓器(Accumulator)——防鎖定煞車系統塡加氮氣，維持系統高壓。

電子控制器(Electronic controller)——電腦依據感知器和開關信號控制煞車作用。

比較器(Comparator)──線路兩種變項或變項之間及等數實行振幅選擇。

二極體(Diode)──電裝置只能單方向通過電流。

電動泵浦(Electric pump)──最大壓力下，泵煞車油至蓄壓器。

煞車油面指示開關(Fluid Level indicator switch)──開關由兩個白金接點組成，若煞車油面下降至某平面時 RED 警告指示燈變成 on。若油平面下降太多，開關信號至電子控制器(ECU)轉變成斷路(open circuit)。

儲油室(Fluid Reservoir)──容納煞車油。

車輪感知器(Wheel Sensor)──磁場拾波感知器將車輪旋轉速度信號輸至電子控制器。

電磁閥體總成(Solenoid Valve Body Assembly)──閥體由三組電磁閥組成，由 ECU 控制及控制 ABS 系統。

主控電磁閥(Main Control Solenoid Valve)──主控電磁閥在 ABS 系統開啟增壓室與總泵之間通道。

總泵油壓增壓器(Master Cylinder Hydraulic Booster)──增壓器與總泵所組成。

總泵和防鎖定油壓控制件(Master Cylinder and Anti-lock Hydraulic Control Unit)──ABS 系統的油壓控制件包含總泵及油壓增壓器、電動泵浦、蓄壓器、主控電磁閥、電磁閥體總成、壓力控制開關、壓力警告開關、油面指示開關及儲油室。

微處理機(Microprocessor)──處理機包含於電腦內。

自我測試(On-Board Self-test)──ABS 系統故障診斷過程一部份。

繼電器(Relay)──低電流轉變控制高電流量開與關至另外線路的切換裝置。

壓力控制開關(pressure control switch)──控制電動泵浦經繼電器。

　　壓力警告開關(Pressure warning switch)──此開關由二組白金接點所組成。當壓力下降至某平面下，RED 警告指示燈由 ECU 轉變成 ON。

　　快速測試(Quick test)──breakout Box 連接至 ABS 系統線束上做測試。

習　題

一、是非題

(　) 1. 　電子控制器(ECU)最多能儲存 7 個不同故障碼於記憶庫。

(　) 2. 　電子控制器(ECU)能儲存相同的第一個位數兩種故障碼(如同時儲存 25 和 26 碼)。

(　) 3. 　故障碼 61 為油平面指示器和壓力警告開關線路毛病。

(　) 4. 　若 STAR 測試器無故障碼(：00)且 RED 或 AMBER 警告指示燈兩者都不 ON，故此系統已通過自我測試診斷。

(　) 5. 　使用 STAR 測試器，經常置它於 Slow 型。

(　) 6. 　實施定點測試(pinpoint test)可採用捷徑測試，減少浪費時間。

(　) 7. 　實施診斷燈症狀診斷，手煞車要放鬆，否則 RED 指示燈任何時刻均會亮著。

(　) 8. 　定點測試採用單一大寫字母表示如 A、B 等，但診斷測試使用兩個大寫字母表示如 AA、BB 等。

(　) 9. 　定點或診斷測試時車輛不可行駛，除非自我測試，快速測試或診斷燈症狀診斷要求如此做。

(　) 10. 　實施定點或診斷測試可使用類比電壓錶。

(　) 11. 　實施定點或診斷測試，供應直流電於線路及使用數位電錶檢查線路電阻。

(　) 12. 　修護 ABS 系統可不必排放系統壓力。

( ) 13.　ABS 前輪放空氣與傳統煞車系統相同。

( ) 14.　ABS 後輪放空氣，系統壓力應維持 35 psi(240 kpa)。

( ) 15.　ABS 之電動泵浦內裝熱電偶安全開關，防止馬達因高溫而故障。

( ) 16.　蓄壓器完全充填，應填加氮氣至儲油室最大平面。

二、選擇題

( ) 1.　故障碼顯示出 20 系列時為　(A)感知器　(B)ECU　(C)電磁閥　(D)警告指示燈　故障。

( ) 2.　測試感知器電阻時應採用　(A)類比　(B)數位　(C)顯示　(D)鋸齒　電壓錶。

( ) 3.　ABS 系統之 ECU 測出線路為斷路時，何種警告指示燈會亮著　(A)Green　(B)AMBER　(C)RED　(D)Yellow。

( ) 4.　ABS 系統修護需排放油壓應將引擎熄火及泵浦關掉至　(A)5　(B)10　(C)15　(D)20　分鐘。

( ) 5.　ABS 系統能使增壓室至總泵通道開啟為何種組件作用　(A)蓄壓器　(B)ECU　(C)比較器　(D)電磁閥。

三、問答題

1.　修護 ABS 系統應注意哪些事項？

2.　預先測試及檢查項目有哪些？

3.　說明定點測試要求項目為何？

4.　說明如何調整前輪感知器。

5.　說明如何調整後輪感知器。

6.　修護 ABS 系統，哪些組件必須排放壓力。

7.　實施自我測試有哪三種情形可協助你做測試，說明之。

四、寫出下列零組件、編號名稱

1. 寫出下圖 ABS 系統零組件編號名稱。

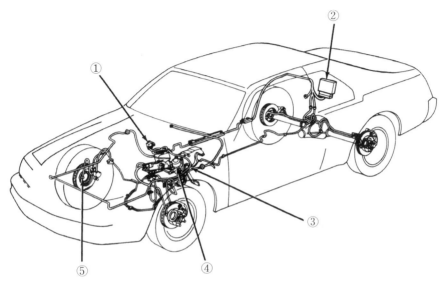

2. 寫出下圖油壓控制件編號名稱。

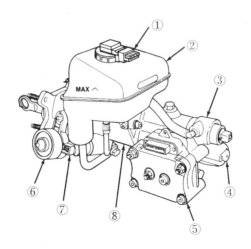

3. 寫出電路圖信號輸出編號名稱。

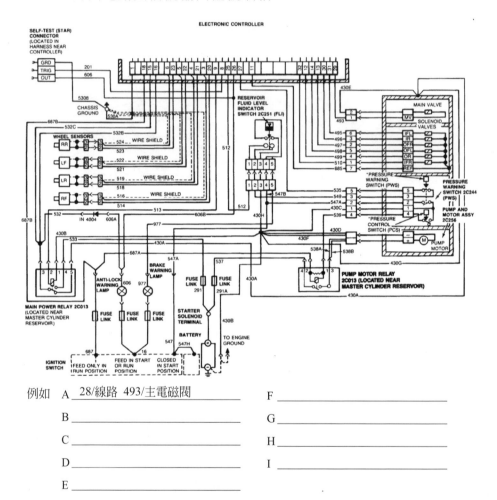

例如　A ___28/線路 493/主電磁閥___　　　F _____

　　　B _____　　　G _____

　　　C _____　　　H _____

　　　D _____　　　I _____

　　　E _____

4. 寫出電路圖 AC 信號輸入編號名稱。

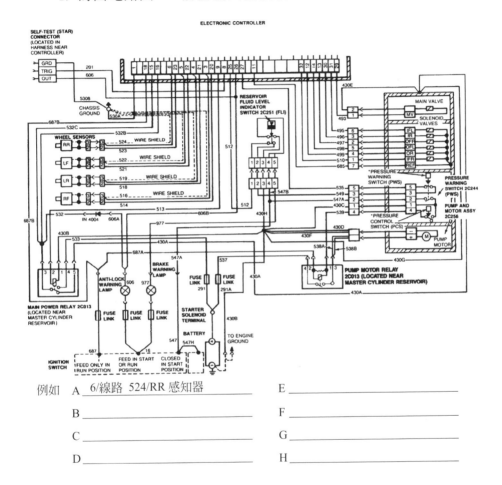

例如　　A 6/線路 524/RR 感知器 _____　　E _____

　　　　B _____　　F _____

　　　　C _____　　G _____

　　　　D _____　　H _____

CHAPTER
7

5. 寫出油壓控制件(正常煞車)煞車油流動編號名稱。

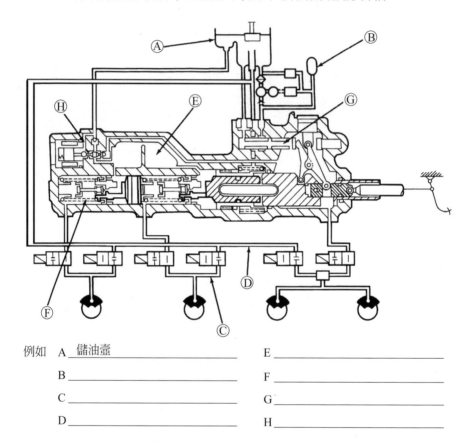

例如　A 儲油壺 _____　　E _____

　　　　B _____　　F _____

　　　　C _____　　G _____

　　　　D _____　　H _____

6. 寫出油壓控制件(防鎖定煞車)煞車油流動編號名稱。

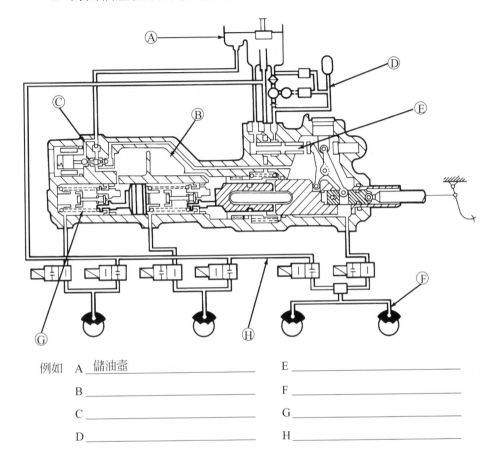

例如　A ___儲油壺_____　E _____

　　　B _____　F _____

　　　C _____　G _____

　　　D _____　H _____

習題解答

第一章

一、是非題

1.(×)阻力更大　*2.*(○)　*3.*(×)不會產生打滑　*4.*(×)相反　*5.*(○)

6.(○)　*7.*(×)加　*8.*(×)不可使用儲存已久，因為會吸濕氣

9.(×)易發生危險及造成髒亂　*10.*(×)離總泵最遠處先放空氣

二、選擇題

1.(A)　*2.*(B)　*3.*(B)　*4.*(B)　*5.*(C)　*6.*(A)　*7.*(B)　*8.*(B)　*9.*(B)

10.(A)

三、問答題請參閱課本

第二章

一、是非題

1.(×)不會　*2.*(×)單獨　*3.*(○)　*4.*(○)　*5.*(×)四組　*6.*(×)高摩擦係數

7.(○)　*8.*(×)感覺不出　*9.*(○)　*10.*(○)

二、選擇題

1.(A)　*2.*(C)　*3.*(C)　*4.*(B)　*5.*(C)　*6.*(D)　*7.*(D)　*8.*(B)　*9.*(B)

第三章

一、是非題

1.(×)(DTC)　*2.*(○)　*3.*(×)(有煞車作用但油面指示燈會亮者)

4.(×)(DTM4)　*5.*(×)(Tracs)　*6.*(○)　*7.*(○)　*8.*(×)(不踩煞車)

9.(×)(均有 48 齒)　10.(×)(300mV)

二、選擇題

1.(D)　2.(A)　3.(D)　4.(C)　5.(A)　6.(C)　7.(B)　8.(A)　9.(D)

10.(B)　11.(D)　12.(D)　13.(C)　14.(B)　15.(B)　16.(C)　17.(A)　18.(A)

19.(A)　20.(B)　21.(C)　22.(A)　23.(B)　24.(B)　25.(C)　26.(D)　27.(D)

28.(B)　29.(A)　30.(C)　31.(A)　32.(B)　33.(D)　34.(B)　35.(D)

第四章

一、是非題

1.(○)　2.(○)　3.(○)　4.(×)進油閥　5.(×)電動泵浦

6.(×)相反　7.(×)壓力開關　8.(○)　9.(×)前輪無安裝　10.(×)

11.(○)　12.(×)有作用　13.(○)　14.(○)　15.(○)

二、選擇題

1.(C)　2.(B)　3.(C)　4.(A)　5.(D)　6.(A)　7.(C)　8.(C)　9.(B)

10.(C)　11.(D)　12.(A)　13.(C)

第五章

一、是非題

1.(×)油面太低　2.(○)

3.(×)前輪獨立每輪使用 2 個電磁閥，後輪共用 2 個電磁閥

4.(×)常閉式　5.(○)　6.(○)　7.(×)踏板感知器　8.(○)　9.(○)

10.(○)

二、選擇題

1.(A)　2.(C)　3.(C)　4.(D)　5.(B)　6.(C)　7.(B)　8.(D)　9.(D)

10.(B)

第六章

一、是非題

1.(○)　2.(○)　3.(×)相互　4.(○)　5.(×)無連接　6.(○)

7.(×)相反　8.(×)本身也有監控　9.(○)　10.(○)　11.(×)輸入

12.(×)⑦　13.(○)　14.(×)仍然有作用　15.(○)　16.(×)不可分解

17.(○)　18.(○)　19.(○)　20.(×)相反

二、選擇題

1.(A)　2.(B)　3.(B)　4.(A)　5.(D)　6.(B)　7.(C)　8.(C)　9.(D)

10.(C)　11.(A)　12.(B)

第七章

一、是非題

1.(○)　2.(×)無法同時儲存　3.(○)　4.(○)　5.(○)　6.(○)

7.(×)不可以　8.(○)　9.(×)相反　10.(○)　11.(×)不可以

12.(×)不可以　13.(○)　14.(○)　15.(×)馬達 RUN 20 分鐘後 OFF

16.(×)填加煞車油

二、選擇題

1.(C)　2.(B)　3.(B)　4.(D)　5.(D)

三、寫出下列零組件編號名稱

1.(1)功率及泵浦繼電器　(2)電子控制器(電腦)　(3)油壓控制件

(4)蓄壓器　(5)車輪感知器

2.(1)油面指示開關　(2)儲油室　(3)主電磁閥總成　(4)總泵

　　(5)電磁閥體　(6)電動泵浦　(7)壓力開關　(8)增壓器

3. B　31/495 電磁閥　　　C　30/496 電磁閥　　　D　13/497 電磁閥

　　E　14/498 電磁閥　　　F　12/499 電磁閥　　　G　32/510 電磁閥

　　H　8/201 自我測試觸發器　　　I　7/513 主電源繼電器

4. B　23/523RR 感知器　　　C　5/522LF 感知器

　　D　22/521LF 感知器　　　E　4/519LR 感知器

　　F　21/518LR 感知器　　　G　3/516RF 感知器

　　H　26/514RF 感知器

5. B　動壓　　C　靜壓　　D　儲油室　　E　儲油室　　F　靜壓

　　G　動壓　　H　儲油室

6. B　動壓　　C　靜壓　　D　動壓　　E　動壓　　F　動壓

　　G　動壓　　H　儲油室

國家圖書館出版品預行編目資料

汽車防鎖定煞車系統 / 吳金華編著. –
五版. -- 新北市：全華圖書，2015.05
　　面　；　公分
ISBN 978-957-21-9855-1(平裝)

1. 汽車裝配 2. 煞車系統
447.136　　　　　　　　104007793

汽車防鎖定煞車系統

作者 / 吳金華

發行人 / 陳本源

執行編輯 / 蔣德亮

出版者 / 全華圖書股份有限公司

郵政帳號 / 0100836-1 號

印刷者 / 宏懋打字印刷股份有限公司

圖書編號 / 0556603

五版一刷 / 2016 年 9 月

定價 / 新台幣 320 元

ISBN / 978-957-21-9855-1(平裝)

全華圖書 / www.chwa.com.tw

全華網路書店 Open Tech / www.opentech.com.tw

若您對書籍內容、排版印刷有任何問題，歡迎來信指導 book@chwa.com.tw

臺北總公司(北區營業處)
地址：23671 新北市土城區忠義路 21 號
電話：(02) 2262-5666
傳真：(02) 6637-3695、6637-3696

中區營業處
地址：40256 臺中市南區樹義一巷 26 號
電話：(04) 2261-8485
傳真：(04) 3600-9806

南區營業處
地址：80769 高雄市三民區應安街 12 號
電話：(07) 381-1377
傳真：(07) 862-5562

歡迎加入 全華會員

● 會員獨享

會員享購書折扣、紅利積點、生日禮金、不定期優惠活動⋯等。

● 如何加入會員

填妥讀者回函卡直接傳真 (02) 2262-0900 或寄回，將由專人協助登入會員資料，待收到 E-MAIL 通知後即可成為會員。

如何購買 全華書籍

1. 網路購書

全華網路書店「http://www.opentech.com.tw」，加入會員購書更便利，並享有紅利積點回饋等各式優惠。

2. 全華門市、全省書局

歡迎至全華門市（新北市土城區忠義路 21 號）或全省各大書局、連鎖書店選購。

3. 來電訂購

(1) 訂購專線：(02) 2262-5666 轉 321-324
(2) 傳真專線：(02) 6637-3696
(3) 郵局劃撥（帳號：0100836-1 戶名：全華圖書股份有限公司）
※ 購書未滿一千元者，酌收運費 70 元。

全華網路書店 www.opentech.com.tw
E-mail: service@chwa.com.tw

※ 本會員制如有變更則以最新修訂制度為準，造成不便請見諒。

讀者回函卡

填寫日期：　　/　　/

姓名：
生日：西元　　　年　　　月　　　日　性別：□男 □女

電話：(　　)　　　　　　　傳真：(　　)　　　　　　　手機：

e-mail：（必填）

通訊處：□□□□□

學歷：□博士 □碩士 □大學 □專科 □高中・職

職業：□工程師 □教師 □學生 □軍・公 □其他

學校／公司：　　　　　　　　　　科系／部門：

・需求書類：

□A.電子 □B.電機 □C.計算機工程 □D.資訊 □E.機械 □F.汽車 □I.工管 □J.土木
□K.化工 □L.設計 □M.商管 □N.日文 □O.美容 □P.休閒 □Q.餐飲 □B.其他

・本次購買圖書為：　　　　　　　　　　書號：

・您對本書的評價：

封面設計　□非常滿意 □滿意 □尚可 □需改善，請說明
內容表達　□非常滿意 □滿意 □尚可 □需改善，請說明
版面編排　□非常滿意 □滿意 □尚可 □需改善，請說明
印刷品質　□非常滿意 □滿意 □尚可 □需改善，請說明
書籍定價　□非常滿意 □滿意 □尚可 □需改善，請說明

整體評價：請說明

・您在何處購買本書？

□書局 □網路書店 □書展 □團購 □其他

・您購買本書的原因？（可複選）

□個人需要 □購公司採購 □親友推薦 □老師指定之課本 □其他

・您希望全華以何種方式提供出版訊息及特惠活動？

□電子報 □DM □廣告 （媒體名稱　　　　　　　）

・您是否上過全華網路書店？ (www.opentech.com.tw)

□是 □否 您的建議

・您希望全華出版那方面書籍？

・您希望全華加強那些服務？

～感謝您提供寶貴意見，全華將秉持服務的熱忱，出版更多好書，以饗讀者。

全華網路書店 http://www.opentech.com.tw　　客服信箱 service@chwa.com.tw

2011.03 修訂

親愛的讀者：

感謝您對全華圖書的支持與愛護，雖然我們很慎重的處理每一本書，但恐仍有疏漏之
處，若您發現本書有任何錯誤，請填寫於勘誤表內寄回，我們將於再版時修正，您的批評
與指教是我們進步的原動力，謝謝！

　　　　　　　　　　　　　　　　　　　　　　　　　　　全華圖書　敬上

勘　誤　表

書號		
書名		作者

頁數	行數	錯誤或不當之詞句	建議修改之詞句

我有話要說：（其它之批評與建議，如封面、編排、內容、印刷品質等・・・）